U0934962

为爱修行

The Soul Stories

［美］盖瑞·祖卡夫 著 郭宇 译

印刷工业出版社

序言

这是一本由真实故事组成的书。里面的有些名字我用的是真名，有些我用的不是真名。有些故事是我完全按照故事的原样叙述的，而有些我将不同的故事组合到了一起。有些故事并不是真实发生了的，但是这些故事也是真实的。

印第安部落的拉科塔人有一个关于他们的神圣女先知的故事，说是她把印第安的神圣烟斗带到了他们部落。有一天，一个记者问一位拉科塔老人这个故事的真实性。那位老人回答说：“我不知道它是否真的是按照故事描述的情节那样发生的，但是你自己可以看出这是一个真实的故事。”

你也可以自己看出这本书里的故事都是真实的。你需要通过看自己的内在来印证它。每一个心灵的故事，不管是这本书里的还是你在别处看到的，都需要你去看自己的内在来印证它的真实性。你可能会发现对某些人来说是真的东西对你来说不是真的。你也可能发现对你来说是真的东西对别人来说不是。对心灵故事来说就是这样的。

比如说，有些人认为宇宙是死的（他们叫它“无自动力的”），在其中发生的每一件事都是偶然的（他们称之为“随机的”）。而其他人，包括我，则认为宇宙是活的、是智慧和慈悲的。将宇宙看成是死的是一个故事，将它看成是活的就是另外一个故事。那么，哪一个故事对你来说是真的呢？

你必须自己来决定。这本书中的每一个故事都给你机会去决定它对你来说是真的还是假的。那个拉科塔老人说你能够自己去看一个故事是不是真实的，但是在你能够做到这一点之前，你必须知道这一点。那就是说要去思考这个故事，还有更重要的就是发现你对它的感觉。最后，你可能会发现你对一个心灵故事的感觉比你对它的想法要更重要。

你可以在短期内将所有的心灵故事都读完，你也可以根据自己的感觉时不时挑一个来读。因为一共有52个心灵故事，所以你可以一周读一个，这样你可以给自己时间来思考每一个故事。这样的话，你就能够用一整年来想这些心灵故事。即使你一天之内将它们全部都读完了，你也可以再回头去看它们，每周看一个，让自己花更多时间跟每个故事在一起。

我喜爱心灵故事。对我来说，每一个让我能够更加欣赏自己和别人的故事，每一个让我感激我们大家即使在困难的时候也在一起的故事，都是一个心灵故事。每一个让我能够更加感激地球，将它看做一个伟大的朋友的故事，也是一个心灵故事。

我很高兴能够跟你分享这些心灵的故事。

爱你们的盖瑞

目录

第二章

第三章

第四章

01

第一章

拥有多感官感知和使用它来帮助你是两回事。
意识到这一点是很重要的，
因为我们现在都在变得拥有多感官感知。
如果你能够理解它，
你就会去寻求使用这种能力的方法。

多感官感知

在一个灰暗冬日的下午。一辆又黑又亮的车以每小时50公里的时速开上冰冻的路面。然后，就像一个优雅的舞者进行单足竖趾旋转，它在地面上开始了缓慢的水平侧滑旋转。它一直滑到陡峭的路基边，然后落了下去，消失不见。在这辆车里，一位女士在拼命尖叫着，但是车像一个球一样往下滚，一圈接一圈地侧翻着掉下了山坡。这位女士就是我的姐姐。

与此同时，在一百公里外的地方，一位白发的老年妇女突然从她的椅子上跳起来。

“盖尔出事了！”她急喘着说道。

四十五分钟后，电话铃响了。

“你的女儿出了交通事故，她伤得不重，不过她的车彻底毁了。”

这怎么可能发生呢？那位从座位上跳起来的女士，也就是我的母亲，不可能看到她的女儿在冰冻的路面上一次次碰撞，最后撞在一棵枯树上，死里逃生；她不可能闻到被撞烂的车压碎的灌木的味道，或者是从裂开的油箱中散发出来的汽油味；她不可能听到金属扭曲和玻璃碎裂的声音，或者感觉到车子翻滚时的撞击，或者尝到她女儿嘴里的血腥味。

她并不需要这些。她使用了多感官感知。多感官感知是一个人与五官无法提供的信息的一种直接连接。它消除了一个人跟他感知的东西之间的空间距离，它也消除了它们之间的时间间隔。我的母亲并不需要等警察来告诉她，她女儿的生命处于危险之中。她知道得非常清楚，就像她当时看到了、听到了、闻到了、感觉到了和尝到了这个经历一样。她使用了另外一种知晓的方法。

一个商人就要误飞机了。他很不耐烦地等停车卡打印出来，然后飞快地驾车进了机场巨大的停车场。第一层都是满的，第二层也是。他沿着弯道一层层往上，一个个车位地找，每一刻都变得更焦急。第三层，还有第四层都是满的。他已经有些绝望了，他开车驶向最后一层，就在出口的斜坡处，他突然停住了。一辆大的家用车以飞快的速度逆向从上面绕了下来。他们俩本来都不可能看到要撞到对方了。

他怎么可能知道那辆车过来了呢？他无法看到、听到，或者闻到它。他的触觉和味觉无法帮助他。这也是一个多感官感知的例子。多就意味着超过一个。味觉、触觉、嗅觉、听觉和视觉都是不同的感觉方式，但是它们都是一个单一系统的不同部分。这个系统被设计来探测那个看起来在你外面的世界。如果你只有五种感觉可以使用，你就被这个系统限制住了。

一开始，她并没有太注意到那个邮件里的宣传手册。那个手册是关于一个很远的地方的会议的。去那儿的花销太大，而且那个会议的内容也不是她最感兴趣的。不过第二天，她突然有种冲动，觉得自己应该再看一遍这个手册，第三天也是。她无法将这个会议的念头从脑子里打消掉，也无法打消掉一个好奇的感觉说她应该去参加。她最后还是报名参加了这个会议，订了机票，虽然她不知道为了什么。到那儿的第一天，她就碰到了一个正在跟癌症作斗争的男士。她对疗愈的过程有一种很强烈的兴趣。于是，在她的帮助下，他的癌症消失了，他们最后共同写了一本关于疗愈的书。

她的冲动到底来自哪里呢？她有两个系统来给她提供信息。第一个就是她的五官，它们没有给她关于在这个会议上将发生什么的信息。但是另一个系统给了她这个信息。这系统就是多感官感知。

我的朋友杰弗里当时走到了死胡同里。他想从一个正面的角度来研究“异常人格”——是什么让一些人比另一些人要快乐。但是，他的研究生院的犯罪学专业只进行这些东西的负面角度的研究——是什么让一些人比另一些人更加暴力。有一天晚上，他做了一个梦，他在梦里去了两个朋友的家（这两个人他在现实生活中的确认识）。他们不在家，所以他就自己开门进去了。在他们家客厅的桌子上他找到了一本杂志，名叫：眼睛。这本杂志告诉了他所有他需要知道的东西。

第二天早上，他匆匆地去这两个朋友家，想告诉他们这个梦。他们不在家。他知道他们的钥匙在哪儿，所以他就自己开门进去了，虽然他从前从未这样做过。在客厅的桌子上他找到了一本杂志，名叫：聚焦。这本杂志包括一个国家公立电视台的节目单。当他浏览这个节目单时，他突然意识到自己可以通过采访那些异常人格的人来研究他们！他于是就去这样做了。他给他的节目取名为“我们可以思考”。

杰弗里的梦告诉了他如何去找到他需要找到的。那位女士想要去开会的冲动也是一样。那个商人的突然感觉告诉了他需要避开什么。这些都是多感官感知的例子。杰弗里、那位女士，还有那位商人都听从了他们的多感官感知。这就是为什么杰弗里完成了他的电视节目，那位女士写了一本书，那个商人没有进医院。

拥有多感官感知和使用它来帮助你是两回事。意识到这一点是很重要的，因为我们现在都在变得拥有多感官感知。如果你能够理解它，你就会去寻求使用这种能力的方法。事实上，这种能力并不新鲜。真正新鲜的是现在每一个人都在获得这种能力。

过去，我们用另一个名字叫这种能力。

直觉

你有没有碰到过这样的情况，你正在想一个朋友，突然电话铃响了。

“我正在想你哪！”你叫道，“真是太巧了。”

巧合这个词的意思就是两个事件在同时发生，就像你在想你的朋友和你的朋友给你打电话这两个事件。当这种事情发生时，它从来不是偶然的。你的朋友和你通过某种方式连接着，这种连接你的眼睛、耳朵、鼻子、皮肤和舌头都无法探测，但是你的直觉可以探测到。

你有没有过这样的时候，你预感自己不应该做什么事情，但还是做了？

“我就知道我不应该相信他的！”你说道。

没错，你当时是知道的。你的直觉告诉你了，但是你太想去信任那个人了，你忽略了你的直觉想要告诉你的信息。

多感官感知和直觉就是一回事，但是多感官感知是一个更准确的名字。大多数人认为直觉就是时不时才会冒出来的一种预感，就像那个商人在刹车时所感觉到的，那个去参加会议的女士感觉到的。但是直觉不止如此。它是一个非常复杂的系统，它让你能够超出你五官的限制。当我们变得越来越有直觉的时候——事实上这正在发生——我们就开始遭遇不一样的体验。

丽碧是我最喜欢的祖母。小时候我很喜欢去她家玩，她家的沙发是那种能够拆开成两张床的。我们每天晚上都聊得很晚，她在一张床上睡，我在另一张床上睡。

她所住的公寓里面有一家餐馆，我们每天晚饭后都会手拉着手从那儿的大厅穿过。每次她碰到一个朋友，她都会说：“这是我的孙子，你记得他的，不是吗？”每次她这样做，我都会非常地尴尬，但是如果我表示拒绝，她就会将我的手往下一扯，说：“嘘！”

她去世的时候我还在上大学。很多人参加了她的葬礼。当牧师给她念颂词的时候，我站在他的左边看。有一个电视从天花板上吊在我们面前，这让我们可以看见牧师的正面像。在电视上看到丽碧祖母的葬礼对我来说显得特别奇怪，我当时忍不住大笑了起来。突然之间我感觉到丽碧祖母拉了我手一下。

“嘘！”她很清楚地说道。

她不想我打扰她的葬礼。我停止了大笑，在葬礼剩下的时间里，我们大家都静静地站着。我从来没有为丽碧的离去而悲伤过，因为她根本没有走。有三十年我都没有告诉我的家人这个经历。我当时觉得他们不会相信我的。现在既然我们大家都在变得拥有多感官感知，那么就没有必要再等三十年来分享这些经历。它们是多感官感知的体验。

我们无法通过五官来看到那些非物质的东西。这就是为什么多感官感知如此重要。它让我们能够同时看到非物质与物质。每一个人的生活现在都在这样改变。我们正在更加意识到直觉，有更多的东西需要我们去注意。那个商人在车库出口的地方并不需要刹车，但是他却因此省了很多麻烦。那个女人也无须去参加那个会议，但是那样的话她就无法碰到她后来的同事，他的癌症也就无法被治愈了。

体验直觉的方法很多，对每个人来说都不一样。你认识一个跟你一模一样的人吗？——跟你体重一样，头发颜色一样，手臂长度也一样的人？即使你有一个双胞胎的兄弟或姐妹，他是不是跟你喜欢一样的食物呢？她是不是跟你喜欢一样的音乐呢？那是不可能的，因为我们每个人都不一样。

直觉也是一样的。有些人有预感，有些人会得到一些想法，有些人听到音乐，有些人看见画面。有些人感觉到一种身体的感觉，就像是冬日的寒冷；有些人则听到一些语句、一些对话，就像我跟丽碧祖母之间所发生的。有些人可能是这些方法的组合。没有一种是正确的，或者是唯一的方法。

你只能通过注意自己里面在发生什么来找到自己的方法。这就是五官感知和多感官感知之间的最大区别：五官需要你去注意外在发生的；而直觉则相反——注意你的内在在发生什么。

使用你的直觉

水是如此之碧绿清澈，我可以看到自己脚底的沙子。它一直延展到我看不到的远处，围住了整个海滩。这里没有冲浪者，没有滑板。我的灵性伴侣琳达仰面浮在水面上，只有鼻子露出水面。

我知道她在做什么。她的耳朵在水面下，是在听声音。这就是为什么我们在冬天来到毛伊岛（译注：夏威夷群岛中的一个）并且每天都来海滩的原因——为了漂在水里听声音。

我也加入了她，一同去听声音。我听到的第一个声音就是自己的呼吸，但是当我停止呼吸时，我能够听到一些很微弱的声音。先是一声轻柔的咔嚓，就像船上的声呐的噪声，然后是唧唧的声音。如果我不是非常仔细地去听，我是无法听见任何声音的。

当我开始呼吸，我又无法听见那声音了，但是当我屏住呼吸时，那些声音还在那儿。（它们其实一直在，但是我去了夏威夷很多次以后才开始花时间倾听它们。）

我站了起来，看到一群海豚游过。

“它们在那儿！”我向琳达喊道。

它们一路游，一路跃出海面，就像孩子们在太阳底下玩耍一样。看到它们我很开心，我也感觉到它们很开心。

这么近地看到海豚令我非常激动，不过我和琳达来这里是为了听别的声音的。我将头再次埋入水中，屏住了呼吸。在海浪拍打海岸的声音的间隙，我听到一种低沉的声音，就像来自月亮的旋律，或是海洋的呻吟。然后其他的尖锐声或低沉的声音也加入进来，就像是来自太空的交响乐一样，这是驼背鲸的歌声。

因为声波在水里传播得非常快，所以我不知道它们在哪里，不过这无关紧要，我能够清晰地听到它们。这些巨大的生物来到这片海域，仿佛是来探访自己家园的周边。没有人知道它们歌曲的真正含义。有人认为这是它们用来跟相隔千万里的彼此相互交流的语言，有人则认为这是它们的音乐，有人认为两者都对。对我来说，这些歌曲让我忆起生命的伟大：我对它知道得如此少，它是如此特殊。

我们在水面上漂浮、倾听，一直到我们都充满了对这些丰富歌曲的神秘感。然后我们就离开了，同时已经开始期待第二天再次到来。

倾听你的直觉就像是倾听这些鲸鱼。它们是在那儿的，如果周围没有那么多噪声，如果你花时间去仔细听，你就能听到。我对海洋的状态无能为力。我们去的大多数日子里它都很平静，但是有时它也不是这样。有一次我们在风暴过后去毛伊岛，那时的波浪比我的人还高。那种情况下，我都无法下到水中去。很多天过后，波浪小了很多，但是它们还是制造了太多噪声让我无法听到鲸鱼的声音。

当你愤怒的时候，你的情绪就像是风暴来临时毛伊岛上的波浪。你无法听到自己的直觉。当你悲伤、嫉妒、仇恨时，你也无法听到自己的直觉。这些情绪都很猛烈。如果你在这些状态下想要倾听直觉，就像是在一个放着劲爆音乐的舞厅里，或者是在一个球赛喝彩声频频的酒吧里去听朋友的电话一样难。

即使你无法听到它，你的直觉也在告诉你一些有帮助的信息。有时候你甚至能够在焦急时也听到它，就像那个商人，但是如果努力去听，你能够更经常地听到它。想象一下，你可以每一刻都听到自己的直觉！你可以做到，不过你必须训练自己。

首先，不要带着愤怒入睡。这也许需要花些工夫才能做到，但是它是值得的。你的直觉在你感觉到轻快的时候是最清晰的，而愤怒是沉重的。它是一个很重的负担。如果你在入睡前将它扛在肩上，那么你醒过来时它肯定还在。如果你放开你的愤怒，你可能会轻松起来，那也是你开始敞开的时候。对后悔、内疚、羞愧、嫉妒这些情绪，情况也是一样的。在你入睡前将它们释放。

第二点，要调整你的饮食。酒精、咖啡因、白糖和烟草都会在你的体内制造剧烈的风暴。你越少使用它们，内在的天气就越好。各种肉食都含有大量荷尔蒙、抗生素和化学物质。这些都不是为了你的健康而注入的，也都对你的健康不利。如果你吃得清新，你也会感觉清新。（不只是素食者，其实每一个人现在都在发展出多感官感知，在此阶段，何不让自己学得更轻松呢？）

第三，要相信你拥有直觉，并相信它很有效。这是很重要的一点。你无法阻止自己的直觉，但是你可以阻止自己听见它。要相信，当你问一个问题时，你总是会得到答案。答案并不一定会在你认为它该出现的时刻出现，以你期待的方式出现。它可能会在当晚的梦中出现；或者第二天、第二周出现；或者在跟一个朋友的对话中出现。你可能需要出去散步，或者开车出城才能够放松自己，听到它。但是答案总是会到来。

最后一点，听取你的直觉的意见。很多人不喜欢自己听到的答案，所以他们假装自己没有听到任何答案。

这也让我们想到了一个很有趣的问题：如果你的直觉会给你带来你不喜欢的答案，那么这些答案来自哪里呢？

无形的导师

斯德哥尔摩的机场比我想象中要小，没过多久我就通过安检出关了。我看到了我的接待者伊恩。

“欢迎来到瑞典！”他朝我展开笑容，“我们的车在等你。”

当我在汽车后座上坐稳之后，他很兴奋地对我说：“所有的大公司都来了——萨博、沃尔沃、SAS、电话公司、银行。这会是我所召开的最好的一次展会。我很高兴你能来，我们都期待着你的演讲。”

但是我可一点都不期待，我连眼睛都张不开了。

长途飞行已经很累，但是更累的是之前我在沙漠里待了一个月。我使劲保持清醒。我当时一片混乱，我不知道自己在会议上该讲什么，或者甚至到时候会不会去讲。四个小时之后我们来到了瑞典中部的一个典雅的小酒店，它被树林环绕。

“我准备了一个惊喜，”伊恩神秘地说道，“我想让你跟启发我们这次会议的人见面。”我还没来得及回答，他已经将我带进了一间小房间。房间里的一端坐着一个中年的瑞典人。通过翻译跟我们打完招呼之后，他闭上了眼睛，然后他突然再次张开眼睛。他的样子仿佛变了，他的气质也改变了。

“欢迎你们，我是安博莱斯。”他通过翻译说道。

“安博莱斯”可不是他闭眼睛之前的名字。

哦，天哪！我很烦这种事。

我在电视上看过“通灵”，我对此不太感冒。我不相信“无形的存在”，我也不想听它说话（虽然20年前我在祖母丽碧的葬礼上有所体验）。

第二天伊恩在早餐桌上微笑地对我说：“你随时都可以和安博莱斯说话”。

我决定接受这个提议，虽然我很藐视所谓的“无形存在”，但是我不想错过一个近距离体验这种经历的机会。我于是跟“安博莱斯”再次见面，这一次只有他的翻译还有我在场。

“你是怎么学会给自己解梦的？”他问道。

我被惊呆了。安博莱斯怎么会知道我在沙漠中发生的事情呢？那就是我在那里学会的事。

他知道所有的事——我因痛苦而逃进沙漠，我在那里经历了什么。他知道我看过什么，它们对我产生了什么影响。我于是跟他再次预约了一次会面，然后又是一次。每一次我们都谈到了我在沙漠中的经历，他解释了我这次自己都无法解释的经历。

“你心中的火焰已经被点燃了，”安博莱斯说道，“但是那只是星星之火，你需要给这火焰添加燃料，否则它会熄灭的。”

“我怎样添加燃料呢？”我问道。

“通过跟人交谈。”他回答道。

“但是我没法做到！如果我跟别人交谈，我可能会失去我所学到的。”我大声说道。

“是的，你可能会跌落。但是如果你不给这火焰添加燃料，它就会熄灭。”他轻声说道，“你必须跟人交谈。”他重复道，“你给他们的爱就是他们会给你的爱，你通过这种方式来保持火焰。”

“你能做到吗？”他看着我的眼睛问道。

我想了一想，说道：“可以，我会试一试。”

那时我还是不相信“无形的存在”，但是当时发生的事我无法否认。我继续去质疑关于“安博莱斯”的一切，想寻找其中可能存在的骗局。

“你为什么不能直接跟我说话？为什么需要通过一个人？”我在一次会面中问道。

“我能，但是你能听见吗？”他回答道。

我的这次质疑让我知道：不管安博莱斯是谁，他是一个智者，是一个朋友。他是我所碰到的第一个无形存在，但不是最后一个。你在碰到一个很独特的朋友之后会停止交朋友吗？当然不会。我也没有。在地球学校中，交朋友是最大的快乐。变得多感官感知让你能够有更多的朋友。你就像是从一个小镇搬到了一个大都市里。这里有更多的人，所以有更多的朋友。

并不是每个人都以我跟安博莱斯会面那样的方式来跟无形存在相遇。有些人能够比我在瑞典时听得更清楚，他们不需要“管道”（译注：指通灵者），更不需要翻译。每一个人都通过自己的方式来体验无形的朋友。有些人会听到声音，有些人能感觉到他们的存在，还有一些能看见图画。

我们通常认为听到一个别人无法听见的声音，感觉到一个别人无法感觉的存在的到来，或者看到别人无法看见的图画是不好的。当每个人都还是只有五官感知时，这种想法很自然。但是现在每个人都在变得多感官感知。的确有些人所听到、感觉到，或者看到的是不好的。但是原因在于，这些人不为自己负责。他们认为自己必须按照这声音去行事，这是有很大区别的。

无形导师不会告诉你该做什么。他们会帮助你看到自己的路。他们帮助你去梳理各种选择，帮助你理解自己的感受及其原因。他们帮助你变得更加充满爱。他们指导你去最大限度地活出自己的生命。你仍然是自己的主人。你决定什么对自己是最好的，什么不是。你可能会跟一个朋友讨论是否要作一个决定，但是真正要作决定时，是你自己作的。对无形导师来说也是一样。他们就是跟你进行分享的朋友。然后你决定该做什么。

每一个人都有一个无形的导师。你的生活对他人的影响越大，你的无形导师就越多。一个住在偏远山村里的人所需要的帮助就没有一个影响数百万人的人（比如特蕾莎修女或者甘地）所需要的帮助多。你的生活所影响的人越多，你所能获得的帮助也会越多。

拥有无形的朋友现在是一个健康而不是生病的特征。当你变得多感官感知时，你会通过自己的方式来跟无形的朋友相遇。你可以尝试用以下方法开始这个过程。当你想要说或者做什么自己不太确定的话或事情的时候，问问自己："我的动机是什么？"你总是会得到一个答案。你可能不喜欢你得到的答案，或者在你期待的时候得到它，但是答案总是会来。然后你就能决定到底去说或者做什么。

这就是无形的引导运作的方式。你询问，然后聆听，然后你决定。

当你开始检视自己的动机时，你就自动跟无形引导建立了联系。就是这么简单。

你可以尝试一下，看看会发生什么。

当你如此去做时，你会发现自己在跟一个非常非常广大的存在互动。

非物质实相

小型客车在一栋建筑前停了下来。车门打开后，涌出来一群孩子和他们的老师，还有一个助理。他们像花儿一样点缀了人行道，笑着，交谈着。

“过来，孩子们！”老师说道，“教授在等你们。”

他们上了楼梯，穿过几扇门，进入了一个房间，一个面容慈祥的男人坐在一张桌子旁。

“欢迎你们。”他有点僵硬地说道。

这些孩子开始了跟一个真正的科学家的交谈。

“你是做什么的？”一个穿着蓝色上衣的男孩问道。

“我研究辐射。”教授回答道。

“那是什么？”男孩问道。

“那是光。”教授说道。

“就像从手电筒里出来的光吗？”一个穿黄色衣服的女孩问道。

“是的。”教授说道，“但是比那更大。你们能够看到的光只是一个连续体的一部分。”

没有人说话了。

“你们知道连续体是什么吗？”教授问道。

孩子们纷纷摇头：“不知道”。

教授取下眼镜。

“它是一个没有开端没有结尾的东西。”

“那它从哪里开始呢？”一个金色头发的小姑娘问道。

“这就是我刚才说的，它没有开始，没有结尾。”教授说。

没有人说话了。

教授于是再次尝试。

“一个连续体就是一个光谱，谁知道那是什么？”

“就是红色、橙色、黄色和蓝色。”一个戴眼镜的男孩说道。

“还有绿色和紫色。”他旁边的男孩补充道。

“就是一个彩虹！”一个小女孩叫道。

“非常正确。”教授说道，“彩虹是一个光谱，不过它只是一个更广的频谱的一部分。”

大家再次陷入了沉默。

于是教授作了第三次尝试。

“紫光在彩虹的一端，对吗？紫光有很多能量，意思就是说它有‘高的频率’。你们听着就好。”

“红光在彩虹的另一端，对吧？红光没有那么多能量，它有‘低的频率’。”

每个人都在听。

“但是有一些光的频率比红光还要低，它叫红外线。”

“它们就是那种用来烤鸡的。”一个小姑娘叫道。

教授知道她想到了自己见过的熟食店。

“非常正确。”他说道，“但是还有光的频率比它的频率更低。永远都有频率更低的光。它们都是整个频谱的一部分。”

“有没有其他部分呢？”一个小男孩问。

“永远都有其他的部分。”教授说道，一边举起一幅彩虹的图画。

“这就是你们能够看到的光谱，但是整个的光谱比这个更大。大多少呢？”他问一个小孩。

没有人能够回答。

“比你能想象的都要大！”他自己回答道。

“它在红色的这一段会一直延伸，到永远！”他一边说，一边指向右边，“它在紫色的这一段也会一直延伸，到永远！”他继续说道，同时指向另一边。“如果你们能够看到的话，这就是整个光谱的样子，不过你们无法看到。”

教授找到了他的节奏，他不再像那个坐在桌子后面略显僵硬的人。

“当我打开电视时，图画来自哪里？”他声情并茂地问道。

“来自电视波中？”一个戴眼镜的女孩问道。

“对了！”教授继续说道，“它们又来自哪里呢？”

“在房间里？”小女孩犹豫地说道。

“对了，完全正确！”教授说道。

非物质导师也像这样，他们也在房间里。你的眼睛无法看到电视信号，但是那并不意味着他们不在你周围。如果你能够看到所有周围的东西，你将看到比你的肉眼能看到的多得多的东西。

你的眼睛能够看到的光只是整个光谱的一部分，这个光谱没有开始也没有结束。宇宙也是这样。它没有开始也没有结束。你的五官能够探测到的一切都有始有终，但是宇宙却没有。

现在我们正开始看到宇宙的更多部分，这就是多感官感知。这就像是看到紫色之上的紫外线，或者红色之下的红外线。我们开始超过五官的限制，看到非物质的实相。所以我们也开始能够意识到非物质导师了。

在你买一部电视之前是无法收看电视的，虽然这些信号就在你所在的房间里。非物质导师总是跟你在同一间房里，而变得多感官感知就像是买了一部电视。它让你能够意识到非物质导师。

它也让你能够意识到一些其他的东西。

当一列船队航行时，总有一只船来为所有船设定航线。不管一共有多少只船，它都是整个船队的心脏。为船队设定路线并不表明为每艘船上发生什么作决定。每艘船上的事件按照它们自己的方式发生。人们发现问题后会解决它，或者没有解决。他们彼此支持。在有些船上，旅途是令人愉快的，在有些船上，则不是如此。

现在想象那艘母舰是你能够想象得到的最大的海中容器——比最大的海轮还要大。它是一座浮在海面的城市。船队中其他的船只都是很小的船，只够一个人乘坐。母舰就是你的心灵，而你就是那些小船中的一艘。

你并没有你的母舰所拥有的信息。它航行在辽阔的海洋上。你不过是它的船队中暂时的成员。在你存在之前它就已经在航行了——在你出生之前——而在你的生命完结之后它还会一直航行。但是你的母舰知道所有发生在你身上的事。它知道所有你所遭受的困难，以及你如何处理它们。它知道海洋什么时候是平静的，什么时候是狂暴的。从这个角度来说，你是母舰的一个微缩品。虽然你跟它相比很微小，但是如果你能够跟它交流，你就能够获得它所有的能力。

当你跟自己的母舰有联系的时候，你拥有了一个大得多的视角，帮助你去穿越生命的风暴。你在海上航行是有原因的，你所遭遇的风暴也是有原因的。你无法看到这些原因，但是从你的母舰的角度来看，它们就很清晰。你必须自己作出决定和进行体验，你的母舰不会跨越你的权限。但是当你有一艘母舰可以求助时，为什么要在海洋中苦苦挣扎呢？它不会将你从水中捞出来，但是它能够帮助你看到那些你自己无法看到的事情。

你的母舰就是你在海中的原因。你并不是被迫当水手的，你是自愿的。你所作出的决定并不会改变你的母舰。你的母舰有自己的终点。它永远驶向和谐、合作、分享和对生命的尊重。当这些也是你的终点时，你跟它就在有效地合作。当你往一个相反的方向行驶时，你就可能会跟它完全失去联系。然后你就没有母舰来帮助你了。它是被设计来进行长途航行的，但是你不是。你的目的就是学习如何最有效地跟你的母舰共同航行。

我们都是跟一艘母舰同行的小船，在一个没有开始和结束的海洋上航行。小船都是暂时的，而母舰则不是。当你的生命结束时，你不再是一艘小船，而成了母舰。在你成为一艘小船之前你就是它，你也还会成为它。当你是一艘小船时，你的任务就是学习如何跟母舰的航行方向保持一致。

你的母舰一直都想跟你联系。它不是通过卫星或者电脑跟你联系，而是通过你的直觉。这个系统就是那个你用来跟非物质导师联系的系统。你的直觉就像一个能够接受不同电台信息的收音机。有些信息来自非物质导师，有些来自其他人的心灵，还有一个来自你自己的心灵。

跟你自己的心灵的沟通让你能够看到一个你可

能成为的最满足、智慧、慈悲和聪明的人。如果你在任何时候都使用自己全部的智慧、自己内心全部的慈悲，你就会变成那个人。它就是当你没有受到任何愤怒、恐惧、嫉妒、疑惑、悲伤、仇恨、羞辱感或者怨恨的限制时，你所是的样子。它就是当你的生活充满爱和喜悦的时候，你所是的样子。

这就是你的高我。你可以这样想，当你第一次打篮球时，你无法打得像你自己真正能够打得那样好。你练习得越多，你就越好，你就投中更多的篮。当你非常好时，你的投篮命中率非常高。你可能永远无法好到每个球都投进，但是你可以去想象这样的一个情况。那个画面会吸引你——那个能够投进每个球的球员的画面。

你的高我就像是那样。它将你吸引向它。它是你想成为的最后样子，是你的生活想要你去到的方向。当你跟自己的心灵交流时，你的高我就在召唤你。这被称为高我体验。你的最高潜能召唤你。你感受到自己能够成为的可能性，这有助你成就那些可能。

有些人真的成为了他们的高我。他们在每一刻都实现自己的最高潜能。他们对生命充满喜悦、尊敬。他们有意识地思考、说话、行动和关注生命。他们时刻与自己的心灵保持联系。

有时候这被称为开悟。有时候它被称为觉醒。它还被称为真实力量。它就是要你的母舰想要的、说你的母舰想说的、驶向你的母舰想要的航行方向。这就是你生来要做的事——成为你的高我，跟你的母舰随时保持联系。

为了做到这一点，你必须上一个特别的学校。

地球学校

传说，造物主将所有的造物都集合在一起，并说道：“我想要将一个东西隐藏起来，直到人类准备好了再告诉他们。那就是‘他们创造自己的实相’的认识。”

“交给我吧，”鲑鱼说道，“我会将它藏在海底。”

“不行，”造物主说道，“有一天他们会潜到海底，然后他们就会找到它。”

“交给我吧，”熊说道，“我会将它带到深山里。”

“不行，”造物主说道，“有一天他们将挖进深山，然后他们就会找到它。”

“交给我吧，”鹰说道，“我会将它带到月亮上，他们永远都找不到它。”

“不行，”造物主说道，“有一天他们可能会到月亮上去，然后他们就会找到它。”

然后鼹鼠奶奶站起身来，大家都安静了下来。他们知道，虽然她没有肉眼，但是鼹鼠奶奶生活在大地母亲的胸中，可以用灵性之眼来看世界。

“将它放在他们内在。”她说道。

“就这么办！”造物主说道。

现在我们已经发现了这个秘密。使用多感官感知需要你向自己的内在看。你怎么可能通过自己的五官来找到这个秘密呢？你办不到的。它们本就是被设计来向外看的，它们所感知的任何东西都在你之外。即使当你的身体感觉到痛，它也是因为外在的东西而痛：比如说你吃了什么东西，或者一个锤子敲了你的指头；只要吃另外一种食物，将锤子远离你的指头，就能够解决这个问题。

我们就是这样学会解决问题的。五官为你提供了关于你外在事物的信息，你对那信息进行一番思考，然后可能会依据它而行动。如果你不行动，你会不停地创造同样的结果，比如弄痛你的手指。当你将锤子、你的手指，还有你的痛苦联系在一起时，你就改变了自己做事的方式。

既然现在我们正变得多感官感知，我们不但知道外在在发生什么，也知道内在在发生什么。洞见和直觉也成了整体的一部分。如果你只知道外在在发生什么，你就没有看到整体的图画。

你有没有过看电影特别投入以至于你忘了自己在影院的经历？你哭着、叫着，或者笑着。那惊悚、悲伤太甚了，你被它完全带着走了。

如果你是一个电影学院的学生，你在看电影时会注意一些事情，比如故事是如何展开的，场景是如何衔接的，以及使用的哪个摄影角度。

地球学校是一所三维、大屏幕、多媒体、互动的电影。被它带着走是很容易发生的事，因为它是如此真实、激动，并且总在变化中。如果你像一个电影学院的学生一样去研究电影——地球学校，你会发现在里面没有一件事是偶然的。每一件事的发生都有一个原因，就像在剧院中一样。这部电影就是你的生活。你越多地使用自己的直觉，就越清楚它是如何编导的，它在告诉你什么。

每天早上一个年轻人都会慢跑通过一间小屋，每次都有一只小黑狗冲向他，冲他大叫。它没有攻击他，但是每次都发出很大噪声。

有一天早上，当这只狗向他冲过来大叫时，这人生气地想：“你还真是花了不少力气去证明自己比自己所是的样子大啊。你何不歇一歇，自我享受一下？”

又跑了几步之后，一个念头冒出来了：“我是不是就是那个花了很多力气去证明自己是一个自己所不是的样子的人呢？”

这个念头改变了他的一生，到现在他还为此感恩。现在他每次都期盼着那只小狗冲过来冲他叫。

这样的念头就是多感官感知。当那个年轻人每天都生气时，他被电影带走了。但当他意识到关于自己的一些东西时，他就能够以另一种方式去看这部电影了。他成了一个学生——一个地球学校中的学生。

多感官感知让你在演电影的同时还能够研究电影——你的生活。它还允许你做另外一件事——导演你的电影。你决定下面说什么话，你决定在下一个场景自己会如何反应，你让这部电影变得更加紧张或者愉快、无聊或者激动。你扮演一个无助的愚人或者一个智慧的英雄。当你意识到这一点时，不管再发生什么，你的生活都变得非常有趣了。

在第二次世界大战中，一个叫维克多·弗兰克尔（Victor Frankl）的男人被关进了集中营。他们对他实施了任何你能想象的最残忍的事。他们将他爱的人杀了，折磨他，将他所有的东西都夺走了。他在严寒中干苦力，睡在冰冷的营房的木板上。木板上有太多人了，根本无法翻身！他只有最少量的食物，很饿。

你喜欢这部电影吗？如果你是导演，你会如何让维克多来完成这些场景？

维克多是这样演的。有一天早上他的工程队在黑暗中踏步在崎岖不平的山路上下山，在寒风中，当卫兵吼叫着拿步枪托打他们时，维克多意识到了一件改变他生命的事。他意识到自己能够达到的最高目的、最终目的就是爱！

维克多并没有成为受害者。他没有憎恨迫害他的人，没有看轻自己。他没有说：“为什么是我？”或者“这不公平。”当你说那些话时，你是没有力量的。

维克多进入了自己心灵的伟大中。他没有让这部电影的影星——他自己，成为一个憎恨、仇恨，或在羞辱中崩溃的人，而是将自己变成了一个不管在什么情况下都追寻着爱的英雄。这是我所听到过的最好的电影之一，我希望我也能将自己的电影做得这么好。你认为你能够将自己的电影做得这么好吗？

你的电影在你出生时开始了，在你死亡时结束。在中间，你扮演主要角色，并且导演各个场景。你的电影跟你所认识的每一个人，你所碰到的每一个人的电影并不是隔离的。他们每一个也都出演和执导自己的电影。你为他们设好舞台，他们也为你设好舞台。这就是地球学校运作的方式。

当你能看到自己是自己电影的导演，你就知道自己可以选择里面的每件事。但是那些恐怖和痛苦的事情呢？比如在死亡集中营里被折磨，生来就有一个弯曲的脊柱，幼年被虐待，这些是怎么跑到你的电影中去的？

它们是怎么跑进任何人的电影中去的呢？

轮回

“云是天空父亲给大地母亲的礼物。”老人说道。他慢慢地将手臂抬到他的灰白头发上，向天空望去。

“当云积满时，”他直视着我说道，“它们就会打开，雨就会落下。当你的母亲满了的时候，她就打开自己，于是你就来到了地球。这是一个雨滴的故事，就像你一样。”

“这颗雨滴落到了草地上，然后它加入其他的雨滴，它们共同汇成一条涓涓细流。这条细流慢慢成了溪流，然后成了一条河流。这条河流最后流入了大海。”

“太阳对着海面微笑，有些水就变成了蒸气。它上升进入天空父亲，在那里它变成了云。当云满了，它会打开，又会有一颗雨滴落到地球母亲身上。这并不是同一颗雨滴，但是它来自同一个海洋。然后它也开始了一场回到大海的旅程。”

“当我是个小男孩时我听到了这个故事。”他微笑着，将一杯水递给我。

“水是神圣的。”他在我喝水的时候说道。

我们都来自同一个神圣的东西，就像云、雨滴、河流，还有海洋。组成我们的“东西”就是生命。有些人称它为意识，有些人称它为爱，还有些人称它为精神（Spirit）。非物质导师也是由相同的神圣东西组成，你和你的心灵也是。你和你心灵的故事就像海洋和雨滴的故事。

在电视发明之前，人们会一块儿听广播。有些广播冒险故事需要花好几个月才能播完。每一集都是一个大故事的一部分。比如说，英雄被撞下了悬崖，在下落的过程中，他抓住了岩石缝中长出来的一条树根。拼尽全力，他爬上了一块狭长的岩石。然后，他抬头看见了一只灰熊向他扑来！这时候，这一集结束了，另一个节目开始了。

每一集都有新的事件发生，但是其中只有一些事情得到了解决——英雄差点死去，但是最后他总是没事。其他的事情并没有被解决，比如说那只灰熊。每一集都以“待续”来结束。

你的生活就像这样。它是一个更大故事的最新篇章。你的出生并非是一个新故事的开始，它继续那个在你出生之前就开始了的故事。你从上次结束的地方重新开始。上一集是以死亡结束的。这就是在地球学校中每一集如何开始和结束的——以出生和死亡。

在地球学校中，英雄每一集都以不同的方式来说话、行动和穿着。在一集里，她是一个养了八个孩子的墨西哥母亲。在另一集中，他是一个中国农民。还有一集中，她是一个德国修女。英雄扮演的是什么角色并不重要。每一集仍然是同一个大故事的一部分。这就是你心灵的故事。

在地球学校中，一个扮演了背叛角色的人在另一集中总是被另一个人背叛。你总是体验你所创造的。如果你不在自己临死前——在这一集结束前体验它，你就会在另一集——另一世中体验它。在东方，这被称为业力，也被称为轮回。这两者是联系在一起的。

这就是为什么那些你根本不会选择的痛苦的东西会跑到你的电影中来。你的五官无法看到那个故事。它们只能看到你现在所处的那部电影。

如果你能够看到你所演过的所有电影，你会以一种完全不同的方式来看待现在的生活。

现在我们正变得多感官感知，所以这是正在发生的。

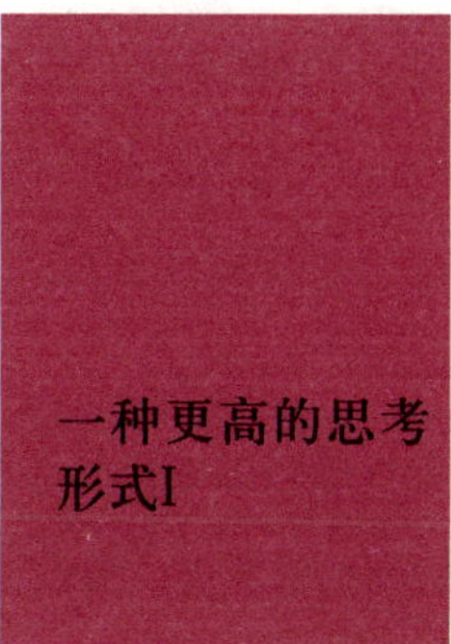

一种更高的思考形式I

“你有一门为大二作准备的必修课没有上。”坐在桌子后的系主任皱着眉说道。

一阵恐惧让珍妮弗的胃收缩起来。

“这怎么可能？”她说道，“我已经上了所有别人告诉我要上的。”

“也许吧，但是有一门明年需要的课你没有上。”院长继续说道。

“那我能不能明年再上呢？”她紧张地问道。

“你可以，但是这门课下个学期没有，你要再等一个学期才行。”系主任说道，“我很抱歉，但是你必须在完成这门课之前暂时退学。你只有在完成之后的一个学期才能够重新入学。”

“但是那还要一年多！”她叫道。

“我理解，”系主任说道，“但是规矩就是规矩。”

珍妮弗在离开系主任办公室时使劲忍住眼泪。她所有的能量、金钱和关注都投进了一个地方——成为一个护士。她的前夫认为她没有他就无法做到这一点，但是她被护士学院录取了。她自己也怀疑是否能够在年幼的女儿还在家时做到这一点，但是她完成了第一年的学业。她已经开始了自己的新生活，但是现在她该怎么办？

她去了新生指导教授的办公室。

“你为什么不告诉我需要上这门课呢？”她问道。

“我犯了一个错误，非常抱歉。”他对自己很不满意地说道。

于是珍妮弗从护士学校退学了。

一个月后，一辆超速的车撞了她年迈的父亲，撞断了他一些肋骨，并且永久地改变了珍妮弗的生活。

她去看他时，有时候他能认出她来，有时候不能。有时候，他床边没人时，他看到有人；有时候，他不会注意到边上有人。

当医院无法再让他待下去时，珍妮弗将他送进了一家疗养院，但他们的医疗保险就不够用了。所以珍妮弗被迫卖了她的房子——她和她女儿的家。

你能够想象同时做这所有的事情吗？照顾你的父亲、找一所疗养院、卖一栋房子、打两份工，还有照顾你的女儿？这其中每一件都是一份重活。珍妮弗将它们全部搞定，并且还买了一栋小房子来住。

在那一年的年底，珍妮弗已经学会了养活自己和女儿，并且一起住在自己的房子里。她回到了学校，并且上了那门必修课，重新回到了护士系。当她父亲过世时，她已经成了一个护士。

珍妮弗认为不公平的事——被迫离开学校，现在显得像一个祝福。指导教授的一个错误给了她需要的时间去照顾自己的父亲，并且在此过程中转变自己的生活。如果她在跟系主任说话的时候已经知道了这一点，她就不会那样难过。她当时就能够以另一种方式来看待事情。

你是否曾经有过这样的情况：你觉得一件很糟糕

的事情发生了，但是后来你发现那其实是件好事？所有人都碰到过这样的事。当你意识到在任何时候所有发生的事情都是对你好的，你就以自己心灵的方式来看待生活了。

即使发生的事情是痛苦的，比如说一个朋友的死，或者你受到虐待，也是一样的。即使在事情发生的当时，你一样能够意识到它对你是好的。如果你练习去这样思考，你将少很多愤怒和恐惧。

这就是一种新的思考方式。大部分人以旧的方式来思考。如果它令人痛苦，或者阻止他们去做想要做的，他们就会想这是不好的。然后他们会不开心、生气、恐惧、嫉妒，还有悲伤。旧的思考方式总是带来这些感受。它让你成了一个受害者——别人或者这个宇宙的受害者。新的思考方式则让你心怀感恩，就像珍妮弗回头看自己的生活时一样。

你愿意选择哪种方式呢？

当我们变得多感官感知时，新的思考方式跟旧的比要高很多——会变得自然。五官告诉珍妮弗她的父亲很痛苦，但是它们不会告诉她那对她来说是一件多么完美的事，对她的父亲来说也是一样。多感官感知让你能够看到每一刻发生的都是完美的，无论它是什么。

即使你无法看清，你也知道。

这就是在使用更高的思考方式。

一种更高的思考形式II

“最重要的事情就是随时祝福所有人。”

说话的男人脖子上挂了一个鲜花项圈。

他的凉鞋很简单、老旧。

“每当你遇到别人时想想他们的好，想想自己能够给别人什么祝福。可能是他的微笑，或是温柔，或是聪明。这人可能是个母亲、护士，或者一个对自己感觉不错的人。”

他的头发花白，但是他的活力感染了房间里的每个人。

“你可以在每个人身上找到一个值得祝福的地方。当你去寻找时，你就能找到它。”

他向着听众咧嘴一笑。

“不过为了保险，”他继续说道，“我要给你们一个紧急的祝福，你可以在实在找不到那个人值得祝福的地方时使用它。”

我从来没有听过夏威夷萨满巫师讲话。我无法想象他下面会说什么。

“你可以对自己说，”他很严肃地说道，“他呼出的二氧化碳滋养了植物。”

房间里的人都大笑起来。

外面一阵微风轻摇棕榈树叶，我能够听到旁边的海浪。夏威夷的确像我想象的那么美丽，给人带来疗愈。

我花了很长的时间去想这个夏威夷巫师说的话。我现在还在想。如果每个人时刻都在祝福其他所有人，这个世界将会变成什么样子？

你无法同时评判和祝福别人。所以当你在想别人对你不公平，或者粗鲁，或者想要伤害你时，你就无法祝福他或者她。如果你真的想要祝福你所遇到的每一个人，那么你需要也像这样去祝福他们。

这里是另外一个你可以使用的紧急祝福。对你自己说："这个人给我带来了非常重要的一课，如果没有他，我就无法学习到它。"

就像那个夏威夷巫师的紧急祝福，这个祝福也永远是正确的。

我在英国的第一次演讲是在伦敦市中心的一个老教堂里举行的。在教堂外，购物者、急着赶回家的人，还有流浪者挤满在人行道上。教堂内，一切都如此宁静和美丽。天花板上装饰的是有数百年历史的古老油画，所有的窗户都装饰着彩色玻璃。

演讲结束后，一些人围过来问我问题和寒暄。我们刚开始谈话，突然他们的表情都变得恐惧。然后我感觉到什么拍在我的后脖子上。我转过身看到一个个子小小衣衫凌乱的男人。他粗鲁地以发怒的眼神瞪着我。他打我那一下并不重，但是我觉得他当时是想要使劲打我。

他没有说话，一直向我靠近。我将手举在面前，他在离手几英寸处停下来了。

"你为什么这么生气？"我问道。

他咕噜了几句，但是我唯一听清的单词就是"邪恶"。他突然转过身去，走到神坛前面，跪了下来。

我看到他在祈祷。

然后他又站起身来，向我走来。我不想和他打架，但是我又不想让他再打我了。突然之间，我想到向下看。然后，我就看不见他的眼睛了，但是我能看到他的脚。他只是又向前走了几步，然后就一言不发地快速走出了教堂。

过了不久，一个警察赶来了。

“我很熟悉那个人。”他略带抱歉地对我说，“他经常惹是生非。如果你想告他，我可以将他逮捕。”

虽然我震惊得发抖，但是我不想让那个人坐牢。我知道他做了他认为对的事情，虽然我不喜欢他所做的事。他祈祷的画面令我震撼。我记得甘地在遭受袭击之后也说了同样的话。我并没有受到多大的袭击，但是我当时的感觉应该跟甘地一样。

当我回到自己的公寓后，我还在发抖。我以最快的速度关上了门，并且锁上了三道锁。如果还有更多锁，我会将它们全锁上。我想睡觉，但是睡不着。我不停地回忆当时发生的情况。然后一个完全没有预料的事情发生了，我意识到了一件改变我生命的事。

我没有反击！我，一个前特种部队军官，一个战场老兵，一个前摩托车手，一个登山者，居然没有反击。我，那个用我的一生来变得很“男人”的人，一个如此害怕被羞辱的人，一个总是会反击的人，居然没有反击！

我没有反击！我没有使用我的拳头！我甚至没有防卫自己——至少没有以我常用的方法。我能够创造和谐，我可以尊重生命！我可以分享和合作，即使在艰难的时候。我做到了所有这些！那对我来说是一件很大的事。直到那个瞬间我才意识到自己的恐惧有多大。突然之间它就消失了。我又哭又笑，我不再对自己感到疑惑。我里面有什么发生了改变，我感觉到了。我进入了甜甜的梦乡。

第二天我告诉了我在伦敦的朋友发生了什么。我认为他可能会对自己的同胞如此对待我而生气，但是他没有，反而陷入了沉思。然后他说道：“你可能给了这个人一个伟大的礼物。你知道，他总是主动挑起事端，而他又很弱小，所以他很可能经常被揍得很惨。但是你却放过了他，你可能是第一个给了他尊严的人。”

听到他的话，我再次哭了出来。我也给这个人带来了礼物，这个想法让我感觉非常好。我也不再将他看做醉鬼或者麻烦制造者，我将他看成一个朋友。我现在还将他看成一个朋友，我对他很感恩。否则我怎么能够找到那困惑我如此之久的问题的答案呢？我需要去自己体验当我受到威胁的时候我会怎样反应，而他给了我机会去体验。在当时，从背后受到攻击是一件非常令人不快的事情，但是现在我为此感恩。我会一直为这个攻击我的人感恩，并且祝福他。他给了我一个我需要学习的课程，而他以我能够想象的最温柔的方式来做到这一点。

这个故事还有后续。

格拉斯顿伯里是伦敦南面的一个小镇，它是我去英国的真正原因。你听说过亚瑟王和圆桌骑士的故事吗？亚瑟和他的王后吉妮维尔就被葬在格拉斯顿伯里的古教堂里。我强烈地受到吸引要去那个地方，但是我不知道为什么，所以我就去搞清楚。

我到达的那一天天气晴朗，我没花多久就找到了那个坟墓。它被一些组成正方形的小石子所标示。我坐在一块教堂残壁上看着坟墓，这时一群游客经过。其中的一个在拍照的时候踩在石头上。

我对他一阵暴怒。他怎么能够如此不注意？亚瑟王是我的英雄，也是很多人的英雄。即使他不是，他的坟墓也不该被如此践踏！我有一种冲动想冲过草地，跳上去将这个人扑倒在地。我甚至都看见自己这样做了。

就在这个暴力想象发生时，我突然意识到自己正在想的事情，就是教堂里的那个人对我做的事！教堂里的那个人认为我是“邪恶”的。他甚至在攻击我时祈祷。他很可能跟我想扑倒那个拿相机的人时感觉一样的正义。唯一的区别在于我并没有这样做。

那是一次令人谦卑的体验。它让我意识到自己跟那个攻击我的人是多么相似。这也让我跟他更近了，像兄弟一样。当我离开伦敦时，我将他看做朋友，但是现在我将他看成亲人。我感恩所有发生在我身上的一切，尤其是这个新的兄弟。

这就是那个夏威夷巫师说的：随时祝福所有人。它也是使用更高形式的思考。当你看到自己所遇到的每个人和每件事都为你带来了一个重要的功课时，你就对每个人和每件事都充满感激。

然后你就会以一种非常不同的方式来看待自己的生活。

一种更高形式的思考和公正

“加拿大航空312号，这里是洛杉矶降落控制中心。请向右转向2-7-0，降落到5000米高度。”空中交通管理员说道。

“请向右转向2-7-0，降落到5000米高度。加拿大航空312号。”杰夫向降落控制中心重复。

驾驶舱的气氛很紧张。从温哥华一路过来的旅程都有些不顺，天气状况一直不好，只能依靠仪表飞行。航班晚点了15分钟，而下面的雾正在加重。

“加拿大航空312号，通过118060跟洛杉矶控制台联系。晚上好。”

“洛杉矶控制台，118060，这里是加拿大航空312号。晚上好，先生。”

杰夫和他的副驾驶卡若琳对视了一眼。她很高兴他在这里，他18年的经验让他能够在晴日和冰雪风暴中都能够保持住一份冷静。不过这一次，卡若琳感觉到他的担心。

我们会成功降落的，她对自己说，没问题的。

在雾中，一列长长的灯出现了，然后是铺着白点的跑道。巨大的飞机像一只天鹅降落在平静的水面般轻柔地着地了。当卡若琳将引擎反转，杰夫制动之后，两人都长长地舒了一口气。

这是一次艰难的旅程，但是在机舱内并没有放松的叹气，也没有乘客大叫“干得好！”没有人感激。事实上，根本没有机舱。杰夫和卡若琳大汗淋漓地坐在一个飞机库的大黑箱子里，周围围了一圈技术人员。

你听说过飞行模拟器吗？在飞行员开真正的飞机之前，会在里面练习飞行。杰夫和卡若琳是在学习如何操作一架比他们平时开的飞机大很多的飞机。

飞机模拟器中的设备跟真正的飞机一模一样。控制盘摸起来跟真飞机上的也一样。甚至窗外的景色也显示得跟真的飞机上一样。

当飞行员将模拟器中的控制盘向后拉时，它们的仪器会显示一个攀升。当他们向外看时，会看到自己在攀升。当他们遭遇急流时，会像在真的飞机里一样摇晃；而当他们经历一次艰难的着陆时，他们也会像在真飞机上一样上下颠簸。一旦飞行员进入了一个飞行模拟器，他们就无法判断自己是不是在一个真飞机里面。他们在糟糕的天气中会大汗淋漓，在新机场晚上着陆时会感觉紧张。

电影院也是一个模拟器。在电影放映时，你忘记了自己坐在剧院里，忘记了你所看到的是屏幕上的移动影像。即使如此，你总是可以环绕四周——如果你能记得——看到自己实际上在一个大的黑暗房间里。

过不了多久，你就不需要去电影院看电影了。你可以戴上一个有耳机和有内置屏幕的头盔。然后不管你往哪里看都会看到电影。即使你转过头来，你看到的也还是电影。这种技术叫做虚拟现实。

虚拟现实并不总是像电影那样有开头结尾。电影是按照剧本进行的，它们总是有相同的开头、发展和结尾。但是虚拟现实却会由一个剧本转向另一个。当你作出一个决定，虚拟现实会相应反应。当你作出另一个决定，虚拟现实会以另一种方式反应。不管你决定什么都会导致一些事情发生。

你能够想象一种包含你所有五官的虚拟现实吗？不只是视觉和听觉，也包括味觉、触觉和嗅觉。你能够跟人物说话，他们会回答你。你能够触碰他们，他们也会触碰你。你甚至能够吃东西，尝食物，然后感觉到饱足。

你觉得需要多久才能看到这种电影呢？

你现在就在一部这样的电影中。每一次你作出一个决定，就会有些事情发生；当你作出一个不同的决定，就会有不同的事情发生。发生的事情取决于你的决定。不管你看向哪里，你的五官所感受到的都是这部电影。你无法看到影院之外的东西，但是你能够决定这部电影的主题。你通过自己的每个决定来做到它。知道这件事很重要，因为你的生活就是这部电影。

你所作出的每个决定都导致某件事发生。有时候它立即发生，有时候过一段时间后发生。不管是哪种情况，都是你的选择导致的。一旦你理解了这一点，你就能够将你的电影做成你想要的样子。

要改变你的电影，你必须得作出不同的决定。这就是为什么一些恐惧的人总是恐惧的、一些愤怒的人总是愤怒的，等等。他们总是作出同样的决定。当然，他们总认为自己在作出不同的决定，因为境遇改变了，但是如果你在自己的电影中是愤怒或者恐惧的话，你为什么而恐惧或者愤怒就不重要了。重要的是你是恐惧或者愤怒的。当你停止选择愤怒或者恐惧，你的电影——你的生活——才会有更少的恐惧和愤怒。

通过观看自己的电影，你总能够知道自己在作出什么选择。如果里面有很多愤怒的人，那么你在选择愤怒。如果里面有很多充满爱的人，你在选择爱。这对每个人都有效。每一个人都有他或者她自己的电影，每一个人自己决定里面的内容。

你的电影就是你的飞行模拟器。当你充满爱和善良，你将控制器向后拉，它会显示出冲向云端，善良和充满爱的人进入你的生活。如果你是愤怒、嫉妒或者恐惧的，你将控制器向前推，它显示出一个冲进乌云的下冲，愤怒、嫉妒、恐惧的人进入你的生活。

不管你决定攀升或者下冲，飞行模拟器都不会评判你。它只是向你显示你在做什么。

当你以这种方式去看待自己的生活，你就在学习如何飞行。

第二章

如果有人对我说："你害怕所有的事情。"

我会很愤怒。

我将自己看成是一个勇敢的人，而不是一个害怕的人。

我不知道自己是多么地害怕去认识新的朋友、尝试和失败、被拒绝、成为别人期望中的人。

情绪觉察

当我在部队里时，我很害怕感觉到自己有多么害怕。我知道我害怕跳下飞机，害怕真枪实弹地打仗。所以我认为自己很勇敢——因为我很害怕这些事情，但是我还是做了。我当时不知道其实我对所有的事情都这么害怕。

如果有人对我说："你害怕所有的事情。"我会很愤怒。我将自己看成一个勇敢的人，而不是一个害怕的人。我不知道自己是多么害怕去认识新朋友、尝试和失败、被拒绝、成为别人期望中的人。

我会跟人争吵，我谴责每一个人和每一件事。我隐藏自己的感受。我做了所有这些事情只是因为我害怕。在我发现自己有多么害怕之前，我一直都无法停止自己的恐惧。我认为我知道自己的感受，但是我并不知道。

一个女人曾经想过收养自己院子里的一个男孩。他当时八岁，他的父母都是酒瘾患者。过了一阵，她意识到自己无法承担收养他的责任。

当这个男孩十五岁时，他开始吸毒。他开始以一种愤怒和恶意的方式对待所有的人，包括她。这样子过了七年，她也没有告诉过他自己的感受。然后她受的伤害太重了，她给他写了一封信。她告诉他自己感觉到多么生气和受伤。当她写这封信时，她记起了他年幼时的样子——如此地敏感和脆弱。她在那一刻意识到了，当他知道她不会收养自己时是多么受伤。她将这也写进了自己的信中。

几天之后，他打来了电话。他还是如此地脆弱和敏感，跟小时候一样。他当时在哭泣。在他所有的愤怒之下是一种深深的痛苦——知道她不会收养他。他没有意识到自己这些年是多么受伤。愤怒让他跟自己的痛苦隔离。

我无法停止想要去向别人证明自己是多么勇敢，因为那阻止我感觉到自己是多么恐惧。那个男孩和我都认为自己知道自己的感受，但是我们并不知道。我知道自己害怕危险的事情，但是我并不知道自己害怕别人。那个男孩知道他是愤怒的，但是他不知道自己的受伤感。

意识到自己情绪不仅仅是感觉到自己对某些东西的恐惧、对某些人的愤怒。它是意识到自己所有的感受。在你能够做到这一点之前，总有一部分的自己不为你所知晓。其中一些可能很愤怒。如果你不知道它们，那么不管你是否愿意，你都会时常生气。其中一些可能很害怕。如果你知道这些部分，那么不管你是否愿意，你都会时常感到恐惧。

那些你所不知道的属于自己的部分，就是那些会让你吃惊的部分。你是否在一次争吵过后决定与人和解，但是当你碰到那个朋友又开始吵了起来？你认为自己将会和好，但是你的一部分还在生气。那个部分另有打算。当它出现时让你吃惊，因为你并不知道它。

你是否碰到过一个让你马上觉得喜欢或者不喜欢的人？那也是当你有些部分不为自己所知晓时会发生的情况。你的所有部分都有它们自己的好恶。如果你不知道，那么你将发现自己跟随它们而喜欢或者不喜欢某些东西。

几乎每个人都有自己不知晓的部分。这其中最强大的就是你的痴迷、强迫症和上瘾行为。它们是如此之强大，以至于如果你不知道它们，它们就会做任何它们所喜爱的事，不管你是否喜欢。你会感到自己没有选择。那些无法停止喝酒的人就是这样，无法停止吸毒的人也是这样。他们被自己所不知晓的部分完全控制了。

你了解那些自己所不知晓的部分的唯一途径是通过自己的感受。你必须慢慢了解自己的感受——所有感受。你内在的每个部分都有自己不同的感受。当你意识到自己的所有感受时，你就能即刻认出所有这些部分。

如果那个男孩知道自己受伤的部分，那么他就不会选择总是那么愤怒，但是他当时并不知道。所以当那个部分愤怒时，他也会愤怒。它总在愤怒中，所以他也一样。

在你了解自己的愤怒和恐惧部分之前，它会为你作出选择。一旦你知道了这个部分，它也并不会停止这些感受、停止想要做那些它想做的事情，但是它不会再让你惊奇了。你也不会发现自己在愤怒中而不知道为什么了。你就能够决定是否跟随它而愤怒或者恐惧。你就能够选择了。

佛教徒说存在有八风。它们是获得和失去、称赞和讥讽、信任和责备、受苦和喜悦。（译注：称、讥、毁、誉、利、衰、苦、乐）如果你没有意识到它们，它们就会像秋风扫落叶一样将你吹走。比如说，当有人称赞你时，你感觉像吃了糖一样甜，你就被称赞之风吹走了。

在中国古代，有一天一个年轻人认为自己开悟了。他写了一首诗描述自己不会被八风吹动。然后将它寄给自己三百里外的师父。

他的师父读了这首诗之后，在后面批上了“放屁，放屁”，然后寄回给他。

年轻人越读这些话越难过，最后他决定去看师父。在那个时代，三百里是一段很长的很累人的旅程。他到达之后，直接去到师父的庙里。“你为什么要这么写？”他鞠躬问道，“难道这首诗没有表明我不会被八风吹动吗？”

“你说自己不会被八风吹动，”师父回答道，“但是两个小屁就将你吹了这么远。”

什么风会吹动你?

我无法停止地想要证明自己是多么勇敢，直到我发现了自己是多么恐惧。当时有很多风将我吹动。那个男孩在发现自己是如此受伤之前也无法停止愤怒。很多风也将他吹得四处摇摆。当你无法意识到自己的感受时，这就会发生。

当你知道自己的感受时，就会发生改变。

一次风暴过后，我的一个朋友在夏威夷冲浪。当时海浪很大。其中一个大浪一直将她卷入了水下，很长时间无法上来。

“我当时很恐惧，”她说道，“我已经无法呼吸了，又不知道从哪里上去。”

突然之间她对自己说：“好的，我现在处在恐惧之中，能怎么样呢？”然后她就放松了，这时一个海浪将她送到了海岸上。

她认出了那阵风，它就停止了。

当你能做到这一点时，你就能够做一件非常重要的事。

负责的选择

一个日本武士来见禅师。

“存在天堂和地狱吗？”武士问道。

“看看你吧！”禅师说道，“你很多天没刮胡子了，衣服也很脏！你算个武士吗？”

武士于是威胁地握住自己的剑柄。

“喔，我看见你还有把剑哪，说不定都生锈了。”禅师继续说道。

这时候，武士开始拔剑了。

“现在，你就打开了地狱之门。”禅师说道。

武士咕噜了两句，将剑送回剑鞘。

“现在，你就打开了天堂之门。”禅师说道。

你生活中最有力的事就是作选择。选择会给你自由，也能将你囚禁。它能创造疾病，也能带来健康。它们造就了你的生活。

一位伟大的美国心理学家，威廉·詹姆斯在“我是否有自由意志？”这个问题上曾经有过一次精神崩溃。自由意志代表你作出选择的能力。你是否想到过这一点？你是否能够选择下一刻你做什么？还是你的选择已经被决定了？

威廉·詹姆斯坚定地说自己是有选择的。

“存在着自由选择！”他宣布，“我第一个自由意志的行动就是相信有自由意志！”

威廉就是这样重获了健康和力量。他的书激励了千万人，包括我。这就是选择的力量。

每一个选择都创造出一个未来。它将千万种可能性变成了一个可能性——你将会在其中生活的未来。比如说，你可能会决定去上学，因为这个决定，你就会遇到那些你从前不认识的人。你将会影响他们，他们也会影响你。你将学会新的理解方式。如果你不选择去上学，你的未来就不一样。

即使一个看起来不重要的选择，比如说是否去商店买东西，也会创造出某一个未来，这会阻止你体验其他的未来。如果你去商店买东西，你可能会遇到一个将来对你很重要的人。如果你不去，你可能会看一个可能改变你生活的电视节目。

你在每一刻、每一个选择中选择自己的未来。不管你是否有意识，你都在这样做。如果你没有意识到，你就在无意识地创造你的未来。也就是说，你并不了解自己的所有部分。这时候，那些你不了解的部分就会为你作出选择。当你能够意识到自己的所有部分时，你就是自己在作选择。你愿意活在哪个未来中呢？——你自己选择的那个，还是你不想要的那个？

“一只长毛狗和一只短毛狗一直在我的内在打架，”一个人对他的朋友说道，“但是我并不担心，我知道那只短毛狗总是会赢的。”

“你怎么知道呢？”她问道。

“因为我喂养的是这一只。”他回答道。

你的内在一直都在发生这种斗争。你的愤怒跟你的耐心在打架，你的贪婪跟你的慷慨在打架。如果你选择愤怒，你就喂养了这只狗；如果你选择了耐心，它就会更加强壮。

喂养愤怒就像是加入一个俱乐部。当你进了那个俱乐部，你总是找到愤怒的人。这个俱乐部就是这个主题，它是愤怒的人聚在一起的地方。你愤怒的时候说的任何话，其他人都赞同。他们愤怒时说的任何话，你也赞同。在健身房、大厅和餐馆里，所有人都是愤怒的。

嫉妒是另一个俱乐部，你在里面总是能找到嫉妒的人。悲伤也是一个俱乐部，你在里面总是找到悲伤的人。喜悦和感恩也有它们的俱乐部，它们也是一样运作的，你总是在里面找到快乐和感恩的人。

一个网球俱乐部不会吸引到高尔夫球手，一个高尔夫俱乐部也不会吸引到滑冰者。同样的道理，一个愤怒、嫉妒和悲伤俱乐部也不会吸引喜悦和感恩的人；而一个喜悦和感恩俱乐部也不会吸引到愤怒、嫉妒或者悲伤的人。

这些俱乐部并不是分布在四处的。快乐和愤怒的人在同一栋楼里工作。不过不管他们在哪里，愤怒的人总是吸引到其他愤怒的人，而快乐的人总是吸引到其他快乐的人。这就是俱乐部形成的方式。如果你想要知道自己在哪个俱乐部里，就看看你四周的人。他们是感恩、愤怒、快乐或者嫉妒的，还是恐惧或者是慷慨的？

如果你喜欢自己周围的人和事，那么就继续做你现在做的。那会让你继续留在同一个俱乐部中。如果你不喜欢你所看到的周围的人和事，那么就去做些不同的事。这样你才能加入其他的俱乐部。

当你看到没有一个俱乐部比另一个更好，你就是在使用更高形式的思考。

当你能自己决定要加入哪个俱乐部，那就是一个负责的选择。

意图

你是否想过到底是什么让飞机能够动起来的？

飞机在跑道上，控制台对飞行员说“可以安全起飞”，然后飞行员一推节流阀，引擎轰响，飞机就启动了。

为什么呢？

你停在红灯前。它转绿了，你踩了一脚油门，车就开始移动了。

为什么呢？

当飞行员打开节流阀，你所听到的轰鸣声中一部分来自于巨大的扇叶旋转声，就像巨大的电扇一样。它们将空气向后推，然后飞机就向前走了。伊萨克·牛顿并不知道飞机，但是三百年前他发现了：当一件东西推另一件东西时，被推的东西也会反推，推力越大，反推力也越大。

飞机引擎推动空气，如果你不相信，可以站在引擎后面试试看。空气也会反推飞机。如果一个风扇推空气的力量足够大，它能够将自己吹到房间的另一边去。这就是飞机引擎的作用——它推空气的力量那么大，以至于飞机被推向跑道。

你汽车的轮胎会推地面，地面会反推轮胎。轮胎推得越使劲，地面反推力越大，车就跑得越快。当你行走时，你的脚会推地面，地面也会反推你的脚，你就向前走了。

对每一个作用力，都有一个等值相反的反作用力。牛顿称之为第三运动定律。推空气或者地面是作用，向前走就是反作用。

你的意图是你的引擎，它们将你从一个地方带到另一个地方。你可能认为是飞机将你从一个地方带到另一个地方，但是其实是你的意图实现了这个移动。飞机每天都在起飞，但是除非你决定上飞机，否则你不会去到任何地方。

一个意图不是一个愿望。一个愿望无法导致任何事情发生，但是一个意图会。一个意图会对你生活现在所是的样子产生一个推力。那些事情会反推你的意图。（请记住，对每一个作用都会产生一个等值相反的反作用。）你可以通过看周围所发生的事情而看到自己的意图。你生命中的人是善良和充满爱的吗？如果是，你的意图就是善良和充满爱的。（你就是爱和善良俱乐部的会员。）你周围的人是愤怒或者嫉妒的吗？如果是，你的意图就是愤怒和嫉妒的。（你就是愤怒和嫉妒俱乐部中的会员。）

你的意图创造了你的体验。比如说，如果你去打棒球，你就会发现是你的意图，而不是比赛决定了你的体验。如果你的意图是赢球，那么你在每次比赛前都会非常焦虑。你如果输球了会非常痛苦。你会时刻担心你的队友打得怎么样。但是，如果你的意图是尽自己的力做到最好，那么体验将非常不同。你会期待比赛。你会非常放松，并且为任何事作好准备。你将会感激对手给你机会做到最好的自己。

千万的微生物生活在你的身体中。想象一下，如果它们也自我组织成群体，并且建造城市。它们不知道你是活的，它们会去占有它们所需要的一切——没有征得你的同意，也没有替你考虑。然后你就被这样的微生物覆盖满了，它们全都在任何自己想要的时候占有任何自己想要的东西。

最后，你得病了。这些微生物会注意到这一点，因为它们看到了空气变脏了，水被污染了，它们的森林开始灭亡了。

“我们有危机了。”它们对彼此说。它们是如此之害怕以至于它们开始组织环保运动。

如果你身上有数以亿计的微生物，每一个都占有它想要的，你会感觉如何呢？这会让你感觉很好呢，还是让你感觉全身都很痒？

现在假设生活在你身上的这些微生物知道你是有生命的。它们对你充满感激，因为它们所拥有和需要的一切都来自于你。它们爱你，并且总在想着做些对你有益的事。

你希望哪一种微生物长在自己身上呢？

第一种微生物只想着自己。即使它要照顾你，也是为了照顾它自己。第二种微生物爱你。它照顾你是因为它对你充满感激，并且很高兴你是它的家。

那些将地球看成“资源”的人就是第一种微生

物。他们想要新鲜的空气只是为了让自己继续呼吸。那些将地球看成一个神奇的、有生命的母亲的人是第二种。他们想让地球健康是因为他们爱她。

你是哪一种人呢?

行动就像是瓶子。你的意图就是你放在瓶子里的东西。你可以将茶、橙汁或者酸奶放进去，你可以将葡萄汁、苹果汁或者油漆清洗剂放进去。你喝东西的时候所尝到的味道取决于你在这个瓶子里都放了些什么。

如果你将自私放在瓶子里，当你喝东西的时候就会尝到它。不管你走到哪里都会碰到自私的人。如果你将对他人的关爱放在你的瓶子里，就会尝到它。不管你到哪里，人们都关爱你。

如果你将自己的意图放在自己的瓶子里，它们就会从中出来。

而你有四个意图。

和谐

“我的兄弟，”我鼓起勇气说道，“我跟你之间有个问题。”

整个一圈人都陷入了安静，没有一个人料到在静修会的最后一晚会发生这种情况。

“我不知道这件事是跟你有关，还是只跟我自己有关。但是它在我们的心之间制造了一个距离。”

一种紧张的气氛开始充满了帐篷。

“你对我来说很重要，所以我想在此跟你分享我的感觉。”

在我说话之前，一个已经退休了的公司管理者，在他的座位上前后不安地动了几下。还有一个人站起来想走，但是还是坐了回去。而我在此次聚会上的合作主持人——也就是我正在对之说话的人，像佛一般安静地看着我。

“我一直被教导说……”我回忆着自己此番说话的意图，并很慢地开始说。在我还没说几句话的时候，有一个女人站起来离开了。几秒钟之后，另一个人也离开了。我说完之后，来自伦敦的我最好的朋友，猛地站了起来。

“盖瑞！”他生气地叫道，“你做得太过了！”

他还想说什么，但是在他开口之前，琳达最好的朋友也跳了起来，加入了他。

“我同意！”她用审判的眼光看着我，然后指着我的合作主持人说，“他是我在这次聚会中唯一的收获。”

“嗯，这可是我所碰到的第一个人们在其中表现真实的聚会。”另一个女人则赞叹道。

然后每个人都开始说话了。有些人喜欢我所说的，另一些人则不然。有些人很生气，有些人很害怕。每个人都有自己的意见，暴风雨到来了。

我的第一次创造和谐的实验开始了。

你有没有碰到过这样的情况，你觉得想说些什么，但是害怕说出来？那就是我当时所处的状况。在那次静修会上，人们都想跟我谈谈这里的其他人。

我告诉他们：“如果它很重要，就将它与你的家人分享——在我们圈子里分享。如果不重要，就不用谈它。”

然后我有了件重要的事情，我跟我的合作主持人之间有一些问题。

那是我和我的灵性伴侣琳达·弗兰西斯所办的第一个静修会。我希望它完美地结束，我希望每个人都喜欢我，并且带着温暖的记忆回家。我怎么能够选择跟我的共同主持人对质呢？但是我又如何能够忽略我自己给其他家人的建议呢？这些并不仅仅是建议。它们是一个家庭之所以是真正的家庭的关键——即使在你害怕的时候，也要说出需要说的。

琳达和我决定利用这次静修会来探索真实力量——人格和心灵的协调一致。在聚会开始的第一天早上，我就意识到我不应该去解释真实力量，甚至不应该提到它。我们大家都必须将它活出来。我完美的计划性——我将要在什么时候说什么——消失了，剩下的就是我的感受，在每一刻去感受接下来要做什么。我没有其他的指导，所以我一直跟随它们。现在是时候去看看它们将我领向何处了。我害怕得不得了。

我一直被教导说："如果你对别人说的话不是令人愉快的，那么就不要说。"我当时想要说的话并不是令人愉快的，但是我并不知道那是否跟我的合作主持人有关。它事实上是一件困扰我的事，而它越困扰我，我感觉自己跟他之间的距离就越远。如果我不问他的话，我又怎么知道这件事跟他是否相关呢？但是如果我不将自己的问题告诉我的这个家庭，我就没有像对待家人一样对待他们。

如果我没有在这次难得的聚会上说出我心中如此想说的东西，我会后悔的。但是如果我说出来，我又可能将这次聚会拆散了，每个人都会带着不快的感觉回家。你是否曾经对你的家庭和朋友有过这样的感觉呢？你是否感觉应该什么都不说，即使每个人都感觉到有些事情不对呢？

我决定说出来，但是不是以一种我从前讲这种事情时的方式。首先，我决定了为什么我要跟他说。是因为我很生气吗？是因为我想要每个人都知道他做错了一些事吗？不是。而是因为我怀念跟他很亲近的感觉。那就是我的意图——再次跟他亲近。我对自己承诺要时刻记得这一点。

第二点，我决定在说话时去感觉内在的所有感觉。我从前花了太多的时间去思考，而没有足够的时间去感受。当我在说自己想法的时候，有时候我的思想会到处跑。我不希望这样的事情发生。我知道如果我关注在自己的感受上，我会一直处于当下——那是我希望所在的地方。

我还给了自己一个承诺——允许任何事情发生。当然，我希望跟这位朋友重新连接，但是如果他生气了，而我希望他不去感觉愤怒，那么我就没有尊重他。我希望这次聚会在快乐中结束，但是如果其中的人变得不舒服，我也会接受。我决定了，我的工作就是有一个清晰的意图，从心出发而说话，并且不在意结果。其余的就取决于我的朋友和我的家人。

当暴风雨到来时，它比我想象的要激烈。每一个人都在说话。有一些人同意，有一些人反对。只听见大家的声音此起彼伏。而我很惊奇地发现自己感觉很平静。我已经做了自己需要做的，现在一切就是它需要的样子——取决于我的家庭。

“我们有一个人受到了伤害。”其中一个人大声喊道，他的声音比其他人都大，“你们俩要为此负责。”他指着我和我的合作主持人说道，“你们俩应该负责找到她，将她带回来。”

通常来说，我不会干涉别人的决定，但是现在这些家人要求我们去找到那个离开的年轻姑娘和她的朋友。所以我和我的合作主持人离开了帐篷。

我们一路走，一路聊。我很高兴有机会听他说话，因为他还一直没有机会说话。他问了我一些问题，我又解释了一遍我所感觉到的问题。最后，我问他：“这跟你有关吗？”他想了一阵之后说：“没有”。

“那就是我需要知道的，这只跟我有关。”我对他说，同时因为解决了一个问题而舒了一口气。

我们拥抱了，但是并不是一个真正的实在的拥抱，而是一个小小的让我感觉好点的拥抱。当我们往回走时，我们的谈话不停地回到我身上。在我们谈话之中，他问道：“你是不是感觉到嫉妒？”“不。”我回答道，不过我马上意识到那并不是真的。我因为羞耻而无法承认，但是我的确是感觉到对我的朋友有些嫉妒。我于是停下来，告诉了他。

让我感到惊奇的是，他开始哭了，然后抽泣。

“当我还是个孩子时，”他说道，“我一直知道我的父亲跟我之间有些什么不对的地方。但是每次我问他，他都会说‘没有问题’，但是我知道有什么不对。我只是想成为一个好儿子。”他一面流泪一面说：“你不知道现在我的内在有什么正在被治愈。”

这个有力而聪明的人的柔弱让我深深感动。我想到了那个离开了帐篷的人——那个我们要找的人。我想到自己本来可以对她更加敏感得多。这让我悲伤，我也开始哭了。

我的眼泪让他有了一个新的温柔的洞见，并让他开始了新一轮的哭泣。而他新一轮的哭泣也让我看到自己的更多东西，我又开始哭。我们整个地垮掉了。在越来越多的洞见到来之时，我一直哭到自己无法站立，他也是。

最后，我注意到帐篷里还有灯光。“不知道他们是否还在那儿？”我轻声说道。

“我们看看吧。”他回答道，然后我们牵手进入了帐篷。

我完全没有预料到会发现什么：每一个人都在，围成一圈坐着。气氛平静而放松。人们像老朋友一样地说话。

“你们想加入我们的圈子吗？”其中一个人问道。

“当然！”我说道，放松了下来。

他们都大笑了起来，并且给我们挪出了空位。他们想要看我们拥抱，这对我们来说很容易，因为之前我们一直在这样做。当时很晚了，每个人都很累但是开心。我们站起来，牵手站成一圈。然后我们都去睡觉了。

第二天早上，我们最后一次聚会，这是我记忆中最美丽的相聚。我们大笑、大哭、拥抱、唱歌和聊天。我们关爱彼此，并且向彼此表现它。我们很温柔，也很直接。每一个人都被包括在其中。那个离开的年轻女子也回来了，还有她的朋友。他们在溪水边安静地待了一整夜，现在他们又回到了我们中间。

是什么让这群愤怒、大喊大叫的人变成了温暖交心的朋友呢？是什么创造了这种神奇的亲密感呢？

这里是他们告诉我的故事：当我们离开了帐篷之后，场面一片混乱。形成了很多派别，有支持我和反对我的，支持我的合作主持人和反对他的，还有一群不赞同我们俩的。每个人都很愤怒和固执己见。

最后，琳达提议大家围成一圈进行冥想。过了一会儿，我的那个来自伦敦的朋友，也就是那个很激烈地谴责了我的人，站起来了。

“我在这里面学到了什么，”他说道，“我想告诉你们我学到了什么，我提议我们轮流说一说自己所学到的东西。”

那就是他们所做的，分享了他们的愤怒和恐惧、惊奇和激动、历史和期待。他们以前所未有的深度来相互接触。当他们完成分享时，已经成了一个家庭。不是一个在一起玩耍的家庭，而是一个真正意义上的家庭。他们彼此深切关爱，可以相互直言相告而不会有恐惧，他们很容易地大笑、大哭。跟他们在一起我感觉到安全，他们跟我在一起也是一样，跟彼此在一起也是一样。

这就是我第一次和谐的体验。它取代了任何我从前有过的关于和谐的概念。我知道自己想要用这种方式来过完余生。我深深地爱这个家庭，它也深爱着我。我们聚会中最难的部分就是离开的时候。很多年后的今天，我们中的很多人还在一起工作，还有很多人彼此联系。

现在琳达和我常常会试验这样强烈的过程，通常它会创造出同样美好的体验。有些人称它为社区，有些人称之为家庭。每一个人都同意，它的中心就是和谐。这和谐是如此之自然，如此之令人满足，一旦你体验过它之后，没有它的生活是很难想象的。

我对这次经历很感恩，因为它教会了我有的时候我们需要勇气才能创造和谐。在我们聚会的最后一晚去当面质疑我的合作者是需要勇气的；那天晚上在那里的每个人都不容易，他们分享了他们需要分享的，并倾听其他人这样做。每个人都不舒服，但是他们越是愿意去面对这份不舒服，事后大家之间的联系就越紧密。

我也看到了一些其他的东西。做其他人想要你做的事情永远不会创造和谐。想要创造和谐，你必须靠近别人。而做那些你认为会让别人开心的事情会让你远离他们。当你感觉自己无法在别人周围做自己的时候，你如何能够靠近他或者她呢？和谐是通过分享你自己是谁，也让别人分享他们是谁，并且学习如何共同这样做来得到的。

当每个人都有一样的想法，想要同样的东西时，创造和谐很容易。但是有的时候你跟那些想要你不想要的东西的人在一起，或者跟你想法不同的人在一起，这时候又如何呢？你是否想跟他们一起创造和谐？

你想。

对生命的敬重

停在我前面的那部车还在路口等待，它的左转灯还在忽闪着。前面大道上车一辆接着一辆地通过这交叉口，而车的间距都很宽，足够它左转的了。

“它还在等什么呢？”我很不耐烦地想着。

那车终于开动了，我跟随着它过了岔路口，不过，一会儿之后，我又被堵在它后面了。那司机好像完全不着急，虽然他前面没有任何车，但是他开得非常慢。

而我已经要迟到了。

“他肯定是个老头。”我不禁怒火中烧了。

路一变宽，我马上迫不及待地超了这车。当我超车时，我回过头去看那司机，才发现那是赫伯，我的一个朋友！

看到他我很开心，刚才我还对他火冒三丈，不过现在我很高兴看到他。我向他挥手，他也对我挥手。

所有的一切一下子就转变了，就是因为我看到了一些我开始没看见的东西——司机是我的朋友。

对生命的敬重就像是这样。它就是去看到你原先没有看到的东西。不管你望向哪里，你都看到那里有你的朋友。

那个瘦瘦的男人关上了他的老旧卡车的门，卡车上高高堆满的是我要的木柴。他慢慢走向我，伸出他的手来。

“你好，”他说，“你的木柴今年要提价了。”

这可是我没有料到的一个消息，我也很不喜欢这个消息。不过我也没有办法。冬天就要来了，而我已经为买我的木柴等了很久了。

“把它们堆在那儿吧。”我指着空的木柴棚对他说。

“我侄子来搬，”他告诉我，同时对他货车里的那个男孩点头示意，“我去把剩下的那些木柴运过来。”

我感到有点生气。

那个男孩开始堆木柴，我注意到他很小心地摆放每一块。

“你喜欢为你叔叔工作吗？”我在看他工作的时候跟他搭话。

“喜欢。”他一边工作一边说。

“为什么呢？”我问道。

“这可以用来买我的校服。”他指着那些他从卡车上扔下来还没有放进棚子里的木柴说。然后他对着我微笑了一下。

“我们没有什么钱。”

我一下子变得柔软了。我感觉自己很喜欢跟他在一起，我也喜欢他的叔叔，我不再感到生气。我很高兴可以为这个男孩买校服。我突然感觉到我们有一个完美的安排。我得到了我的木柴，而他们得到了校服。

我看到了一些我之前没有看到的东西。之前，我看到的是两个卖木柴的人。而现在，我看到一个叔叔和他的侄子为了买校服而工作。

对生命的敬重也像是这样，它就是看到表面以下的部分。在我认出赫伯之前，我只看见一个开慢车的司机。在那之后，我还是看到一个开慢车的司机，不过我还看到了我的朋友。在我和那个男孩谈话之前，我只看到一个伐木工和他的侄子。在那之后，我还是看到一个伐木工和他的侄子，不过我还看到两个朋友。

你的灵性总是能看到朋友。那是因为它能够看到表面以下的部分。当你看到一个朋友穿着一件美丽的衣服的时候，你会认为她是因为衣服才美丽的吗？当你看到她穿着一件你不喜欢的衣服的时候，她还是不是你美丽的朋友呢？当你带着敬重时，你会将每个人都看成一个美丽的朋友，即使他在你前面开慢车，就像赫伯；或者在做一件你不喜欢的事情，比如将卖给你的木柴提价。

当你带着敬重的眼光去看，你能看到每件事物中的神圣。神圣就像是衣服中的那个朋友。你看到了衣服，但是你也看到了你的朋友。你的朋友才是那真正重要的，而不是她的衣服。

神圣就像是海洋。你用你的五官所看到的只是海洋表面的波浪。有这么多波浪，你根本无法看遍所有的。有些波浪很大，有些很小。它们都有不同的形状和流动方式。它们都以它们各自的方式改变着，并且以它们自己的方式最后消失于海洋。每一个都很独特。

而敬重就是去爱那海洋。

真实力量

“这周五在劳伦斯伯克利实验室有一个聚会，是关于量子物理学的。你想来吗？”我的一个物理学家朋友有一天跟我打电话。

出于好奇，我去了。我并没有期待自己能够理解他们说的内容，但是我理解了。会议探讨的是一个我能够想象的最深刻的主题，会讨论一些问题，比如“是意识创造了现实吗？”

会议结束后我很兴奋，但是我无法解释是什么让我兴奋。我的朋友知道我很兴奋，并且这跟量子物理有关。我也只知道这些。

我一次又一次回那里听更多的会议，几乎每周都去。我会问问题，并且开始读很多量子物理方面的书。一点一点地，我开始理解它了，我理解得越多，我就越兴奋。

我决定写一本书。我想要给那些对量子物理感兴趣的人留下一份礼物。我请会议上的物理学家们帮助我，他们答应了。于是我的旅程开始了。

我之前从没有写过书，也没有学过科学，不过那对我来说不重要。我很期待读物理方面的书，写一些关于物理的东西；我期待着思考物理问题，并跟人们谈论它们。我想了一些问题，并且尝试去解答它们。

我找到了生命中最吸引人的活动，同时也是最令人满足的活动。当我在写作时，我忘记了要交房租，虽然我当时并不知道从哪儿去赚钱来交。我也忘记去变得愤怒——我通常是处在愤怒之中的。我还忘记了怨恨和嫉妒。

你能想象一个世界上最美丽的岛吗？一有机会，你会划船去那个岛。到最后你的朋友们会告诉你："不用这么努力工作，不用每天都去那里的，它明天还会在那里的。"那就是我的朋友告诉我的，这个岛就是我的书，而我根本不想离开它。

这就是我第一次关于真实力量的体验。

真实力量让人感觉很好，它就是你此生要做的事。它令你满足，让你的生活充满意义和目的。你没有怀疑、没有恐惧。你很开心自己是活着的。你拥有活着的理由。每一件事都令人激动。你盼望着每一个新的一天到来。

你不会担心做错事、犯错误，或者失败。你不会将自己跟别人作比较。你不会将自己做的事跟别人做的事比较。

你能够在照顾一个孩子，或者做一顿饭的过程中体验到真实力量。你也能在建一栋房子，或者写一本书的时候体验到它。它并不来自于你做什么，而来自于你如何做它。你可以在工作中、学校里，或者其他任何地方体验到它。

真实力量跟外在力量是不同的。外在力量是去操纵和控制的力量。外在力量感觉起来跟真实力量不一样。它是努力去给人一个深刻印象、做一件正确的事，或者成功。它是努力变得更好、更聪明、更强，或者更美。

京都市市长来到了寺庙。

他对看门的和尚说："将这张名片给你们方丈，我跟他约在三点钟会面。"

方丈看了名片之后说道："我不认识这个人，让他离开！"

和尚将名片还给了市长。市长看了看名片，然后拿笔将"京都市长"几个字涂掉了。

"将这个给方丈。"他再次说道。

方丈看了之后说道："让他进来吧，我跟他有个三点钟的会面。"

市长认为他的头衔会给方丈以深刻印象，但是方丈对此没有反应。你会不会使用自己的头衔来打动别人——比如"美丽"、"教育程度高的"、"强壮的"和"富有的"？那就是使用外在力量。这跟真实力量不同。当你体验到真实力量时，你会忘记害怕。而当你使用外在力量时，你总是害怕的。

外在力量有生有灭，就像你所拥有的股票的价值，或者你花园中树木的数目。追求它是一个全职工作。想要比别人更美、更富有、更充满爱、更聪明、更善良，或者更高效率是很难的。迟早都会有人比你更美、更富有、更充满爱、更聪明、更善良，或者更高效率。然后他们就拥有了外在力量。

创造真实力量也是一个全职工作，不过它不依赖于你外在发生的事。

它依赖于你内在所发生的事。

创造真实力量

“有很多种面包，”托尼一边说，一边挥动他的食指画了一个圈然后向上一指，“今天我们要学习做最基本的一种。当然，我们会做一个完美的。”他站在演播室的平台后面。摄影机不停地拉近拉远以抓住他的每一个动作和微笑。

“只有一种烤面包的办法，”他咧嘴一笑，继续说道，“第一，你必须想要做面包；第二，你必须有面粉、水、酵母和盐。”

这就开始了托尼的有趣的烹饪课程。整个城市里的新老厨师都在记笔记，或者站在厨房里跟着托尼做。

“首先，将酵母、面粉和水混合在一起，像这样。”他示范着，估计了一下各种成分的分量，然后用一个木勺搅拌它们。“然后将生面团放在厨房平台上，像这样，然后开始撒更多的面粉，同时揉面团，像这样用你的手和手指。”当他充满爱地揉那个生面团时，他的身体有节奏地前后律动。这时，生面团一点点变得更加柔韧。

“不要忘记了加一点盐，还有一点糖。”他继续说道，“烤面包主要还是个人口味。你们要不断试验，让自己根据感觉来，你烤的是自己的面包。”

创造真实力量就像是烤面包。首先，你必须想要创造它。然后你需要遵照配方来做。如果你这样做，你将会有很多机会来跟随自己内在的提示来试验。跟烤面包相同的是，你烤的是自己的东西。跟烤面包不同的是，别人没法帮你烤。

真实力量的配方跟面包的配方一样简单——和谐、合作、分享和对生命的敬重。这些就是成分。你如何将它们放在一起是你的事，但是如果没有它们，真实力量是无法被创造出来的，就像面包没有那些必要的成分也无法做出来一样。

我们需要这样来做。首先，将台面上所有的东西都清干净，只留下那些需要烤真实力量的东西。这就意味着将此刻你所有的意图都放到一边，只留下那些创造和谐、合作、分享和对自己生命的敬重的意图。

第二点，不断地这样做。

不久你就能够创造一些和谐、合作、分享和对生命的敬重。面包就在烘烤中了。到最后，你能够一刻接着一刻、一个选择接着一个选择地创造这些东西。这就是真实力量。这种令人满足的、有意义的、有意识的体验是可以被创造出来的，这也是很伟大的。

你无须充满愤怒、嫉妒、悲伤和恐惧。唯一需要的就是创造真实力量——和谐、合作、分享还有对生命的敬重的愿望和意图，尤其是在你愤怒、嫉妒、悲伤和恐惧的时候。理解如何创造真实力量比实际去创造它要容易，不过所有的事情都是这样的。

棒球很容易理解，但是要打好棒球就很困难。首先你必须有一个好的身体条件，并且一直保持如此。然后你必须学习技能，比如抛球、接球和击球。然后你需要练习、练习、再练习。你还需要有其他人，需要一个队来一块儿打球，需要其他队来进行比赛。

任何一个人都可以花一个下午就理解棒球，但是没有一个人可以在一夜之间变成一个好的棒球选手。每个人都需要时间去学习、练习、运用，然后再次学习、练习、运用。这需要时间和意图，也需要专注和决心。

创造真实力量也是一样。知道怎样创造很容易，只需要意图在任何情况下都去创造和谐、合作、分享和对生命的敬重，并且一直保持。剩下的就是去学习这些东西意味着什么，如何做到，以及练习。这需要时间。你还需要有其他人来一同练习。不过在生活里，你无须去找人。他们总是在你身边。他们就是那些让你愤怒、嫉妒、悲伤和恐惧的人。

要提高你的打球水平，你必须要意识到自己。比如说，你需要在挥棒时意识到自己身体的移动。好的球手总是知道自己的每一个动作，他们不会闭上眼睛去挥棒。他们意识到自己的每一块肌肉。

你是否意识到自己的意图？当你愤怒时，你的意图是什么？当你嫉妒时，你的意愿又是什么？如果你不知道自己的意图是什么，就不可能改变它，就像你无法在不知道自己位置的时候去纽约一样。比如你从洛杉矶去纽约，跟你从巴黎去纽约完全不是一回事。

当你能够依据自己想要创造的东西而选择自己的

意图时，你就在进行负责的选择。当你意图创造和谐、合作、分享和对生命的敬重时，你的意图跟自己心灵的意图就是一样的。这时候，你就拥有了真实力量。

创造真实力量是一个过程。每一次你选择和谐、合作、分享和对生命的敬重时，你都在挑战自己内在那些想要其他东西的部分。这些部分就是那些愤怒、悲伤、嫉妒和恐惧。你越挑战它们，它们对你的控制就越小，你对它们的控制就越大。最后它们会完全失去对你的控制。

这就是真实力量的创造——通过一个接一个的意图、一个接一个的选择。你无法通过盼望、祈祷，或者冥想来让它实现，就像你无法通过盼望、祈祷，或者冥想来让自己成为一个伟大的棒球手一样。如果你想要烤面包，你必须知道如何烤。如果你想要创造真实力量，你也必须知道如何做。

然后你必须开始去做。

宽恕

“杀了他！”哥哥说道，他的脸看上去像一块石头。“杀了他！”母亲泪流满面地说道。“杀了他！”姐姐说道，她的声音在颤抖着。

在协商会议的篝火边，家庭的每个成员都发言了。在他们的权衡之中，握有一个年轻人的生命，这个年轻人正在外面不安地坐着。谋杀是一件可怕的事，杀一个朋友则更加可怕。现在他坐在那里，手上还沾着朋友的血，等待着自己的命运的审判。

“让我们把这个想清楚。”祖父柔声地说道。悲伤让他脸上的纹理更加深陷了。在他的话语中仿佛有世代的智慧。“杀了他能够将我们的孩子还给我们吗？”

“不会。”“不会。”“不会。”一圈人都一个接一个地如此回答，有些声音很轻，有些声音很含糊，还有些恶狠狠的。

“杀了他能够给我们带来食物吗？”老人继续问道，他的眼神很坚定。

再一次，“不会”的回答在一圈人中传了个遍。

“我的兄弟说得很对。”伯祖父说道。所有的人都转向了他。一滴眼泪从他的脸颊上流淌下来。“让我仔细看一看这件事。”

于是他们很仔细地看了这件事，经过了整晚的讨论。然后他们将男孩喊进来，宣判他们的决定。

“看到那个帐篷了吗？”他们指着那个被杀的年轻人的帐篷说道。他点了点头。“它是你的了。”

“看到那些马了吗？”他们说道，指着死者的马。他再次点头。

“它们也是你的了。你现在是我们的儿子了，你将取代那个你杀了的人的位置。”

他抬头看了看他周围的脸，他的新生活开始了，他们的新生活也开始了。

那个叫灰熊的印第安朋友隔着桌子抬头看着我。

“这件事发生在19世纪末期。”他说道，“他们可以杀了他，当时的部族法律给了他们这个权利。”

灰熊的话深深地打动了我，我惊叹地坐在那里。一个被谋杀的男孩的家人能够收养一个杀了他们儿子的人吗？

“这个年轻人成了一个忠诚的儿子，当他死时，他成了所有部落里的孝子的楷模。”

这就是宽恕。拥有真实力量的人会自然地宽恕。他们宽恕是因为他们不想携带不宽恕这个沉重的负担，就像是在一个拥挤的机场担了很多重的行李。被杀的男孩的家人本来可以杀掉那个凶手，但是他们却选择了将他收养为儿子。这深深地改变了他们所有人的生活。他们不知道这个选择会如何影响这个年轻人，但是他们感受了这个选择对自己的影响。

他们不必恨他。他们不需要将这个人的死，还有自己儿子的死携带在心中。你是否曾经不停地想一个对你很坏的人？那让你感觉如何？是否让你感觉到愤怒、悲伤，或者恐惧？那就是你所放掉的东西。在你能够宽恕之前，你无法使用自己的全部创造力。你的一部分会不停地想自己还没有宽恕的事情。你愿意一辈子都这样生活吗？这是值得的吗？你值得为任何事如此做吗？

宽恕与和谐总是并行的。当你宽恕一个人时，你跟那个人之间就没有任何障碍了。即使那个人不喜欢你，你自己已经放下了行李。你可以很轻松地旅行。

当你是和谐的，你带着玩耍的心态。你在人群中是快乐的。不宽恕会阻止它发生，而宽恕会打开这扇门。

和谐并不只是表明你跟他人的和谐。你跟自己是不是和谐的？你有什么部分让你自己害怕或者生气吗？你能够宽恕这些部分吗？你害怕输一场球、丧失一场生意，或者无法通过一次考试吗？想象一下，每一次你对自己生气的时候，你都在自己的背包里加了一块砖头。如果你背了一整包的砖头，还能享受生活吗？

你跟宇宙是和谐的吗？你是否认为他没有善待你？当你对宇宙不满时你能有多快乐呢？这就是真正的问题。你对宇宙的感受就显示了你对自己的感受。你害怕自己的愤怒吗？那说明你在害怕一个愤怒的宇宙。宇宙并不是愤怒的，但是你总是害怕它是愤怒的。

憎恨自己和憎恨宇宙是一回事。爱你自己和爱宇宙也是一回事。不宽恕宇宙是一个很沉重的负担。为什么不减轻你的负担呢？事实上，为什么不干脆扔掉它呢？如果宽恕宇宙对你来说是件很难的事，那么就从宽恕一个人开始。每次放下一件行李。

这就是你创造和谐的方法，也是你宽恕的方法。

她将小提琴放到她的下巴下面，看了一眼周围的演奏者。然后，非常轻微地点了一下头。于是演奏开始了。轻柔的吉他声跟高音萨克斯的丰富音质糅合在一起，一个鼓手用一把钢刷轻抚一个钹。所有这些都浮在她轻薄飘柔如纱的小提琴曲之中。他们的律动如此整齐，时而轻柔，时而疯狂，我觉得像是他们都在看着同一个指挥者一样。

不过这个指挥者并不存在。这四个音乐家站在舞台上，每一个人都在其中加入只有他或者她自己能够加入的东西，而他们的创作缺少其中任何一个人都不行。一首美妙的歌曲出来了，但是不是某一个人演奏的！每一个人都在演奏不同的旋律，但是合在一起却又成了一首不同的旋律。合奏的音乐更加嘹亮、丰富和复杂。

然后吉他声、鼓声、萨克斯声都变得更加轻柔了。只听到我朋友的小提琴中传来一阵美妙的声音。高飞并舞蹈、翻转而漂浮、升起然后下落然后再升起，它充满了房间。先是甜蜜，而后很紧张，然后又再次回复甜蜜。吉他、萨克斯，还有鼓手在它每次转折的地方都加入其中，有的时候是支持、有的时候是挑战、有时是随顺。

我从未听过这样的爵士乐。我的朋友用一阵花式的演奏结束了她惊人的演出。我无法控制地不停鼓掌。掌声未停，吉他手已经开始在他的高脚凳上轻轻拨动琴弦，甜美的音符仿佛从空无之中呈现出来。吉他跟小提琴之间的对比很细微，但是振奋人心。以他自己的方式，在这段属于他的时间里，他迷住了我们，令我们激动，使我们愉悦，也抚慰了我们。在他的琴声之下，萨克斯、鼓和小提琴的声音填补了那些缺失的部分，并且为他的琴声提供了空间。

再一次，房间里充满了掌声。一个接一个的，萨克斯演奏者和鼓手也相继在舞台中央献艺。每一个人都投入地演奏，引领然而也跟大家合作演奏，他们在舞台中央散发出光芒。当音乐变得更加深刻和丰富时，掌声一次次地爆发。然后，他们开始将每个人所贡献出来的声音的复杂层次慢慢剥落。它们的声音变得越来越柔和、简单和甜蜜。最后在一种美好的融合之中，演奏结束了。

掌声持续了很长时间。音乐家们频频向听众和彼此点头致意。我感觉到虽然他们常常在一起演奏，但是这次因为共同完成了一趟非凡的旅程，他们之间有了一种更深的新连接。

是不是因为每一趟的旅程——每一次音乐会——都不同呢？是不是每一次演出都将他们带到从前未探索过的深度，并让他们更进一步地连接呢？我问了我的朋友这个问题，她回答道："是的。有时候我们会试验那些我们所发现的主题，有时候我们会进行一些创新。没有一次音乐会跟另一次相同，其中有一些会非常不同。"

"你们怎样做到这一点呢？"我问道。

她思考了一会儿，然后说道："我会非常仔细地听，这样我所演奏的会非常正确。我说的正确不是指对错的对，而是说刚好是需要的。我们会共同发现，或者说创造某种节奏。我说不清那是什么，但是当我在里面的时候我会知道，我们都知道。”

我很安静地听着。

“找到这种节奏需要我做到两点。”她补充道，好像这是她第一次想清楚这个问题。

“是什么？”我问道。

“完全地自我负责，还有完全地臣服。”她简单地答道，同时点头肯定自己的清晰。

这就是合作，它也是谦卑。合作和谦卑总是并肩而行的。谦卑就是看到每个人在地球学校中的路都跟你的一样难，也跟你的一样重要。它并不是假装你很弱小，或者低人一等，而是跟别人一起去创作一首你独自无法创作的音乐，这首音乐没有你也无法被创作出来。

你只有跟朋友在一起时才会变得谦卑。如果你感觉到自己不如其他的人，你会感觉到威胁，并且害怕犯错误。如果你感觉到自己更加重要，你也不会分享你能够分享的一切，因为你不尊重跟你在一起的人。你是否能够将你最好的给那些你认为无法欣赏它的人呢？当你们是朋友时，给予和获得就是这种节奏。

每一个人都给出他或者她所拥有的。每一个人都支持所有其他人。每一个人都在自己的时段到来时走到麦克风前，而每一个人也都在其他人的时段里在背景中演奏。你们在一起所创作的音乐是很特殊的，每个人都知道这一点。你喜爱演奏和听这首合奏音乐。

谦卑的人总是这样感觉的。他们将自己和他人都看做朋友。他们自然地合作。

如果你无法自然地合作，那么你应该开启去合作的意图，并且一次又一次去开启它。

最好，你会很自然地变得谦卑。

明晰

我从未在这样的天气里来到山顶过。天空如此完美，空气很温暖，轻风微抚着我们。在下面两英里处，车子像蚂蚁一般在高速公路上爬行。邻近山顶上的火山口中冰冻的湖水也慢慢融化成蓝绿色的涓涓溪水。

不管我看哪个方向，都是一片完美未经污染的雪和冰川、太阳下温暖的岩石，还有远处的蓝天。塔尔波特跟我相视而笑。这是我们俩第三次共同旅行，他也从未在山峰见过这样的景色。

“很高兴和你一起来到这里。”他说道。

“我也一样，我的朋友。”我充满感恩地答道。

我们已经爬了九个小时了，到了顶峰。在这里，地与天相连在一起。我们在山顶还可以休息一段时间，然后再准备下山。我坐在这座山上，太阳温暖着我，我的眼皮越来越重。我让它们慢慢落下，进入了黑暗中。

在这美丽的一天，到达山峰的喜悦洗涤了我。我为自己健康的身体而感恩，我想起了有很多人可能永远无法看到这个美丽的地方。我感觉到自己如此幸运。慢慢地，很自然地，我将自己的手臂向天上伸去。它们毫不费力地待在那里。

这时候发生了一件事。我突然以一种不同的方式来看待自己、山峰，以及其他所有一切。在此之前，我将山峰看做一个非常特殊的地方。当然，它还是一个特殊的地方，但是我眼睛闭上的时候看到的是：所有的地方都是山峰。百货店是山峰，我的家也是山峰，学校是山峰，没有一个地方不是山峰。

这就是明晰。

“给我你这儿最好的花。”一个人对卖花的人说。

“每一朵花都是最好的。”卖花者回答道。

听到这句话，那个人就开悟了。

这个人的体验与我相同，它也能发生在任何人身上。它能够很迅速，或者慢慢地发生。它能够在你年轻时发生，也能在你年老时发生。当你即使只能够一瞬间地看清：“那些你认为特殊的东西，并不比其他东西特殊。”那就是明晰。明晰就是看清楚所有人和所有东西都是特殊的，不管他是谁或者它是什么。

印第安人的祈祷词里说道：“美在我的头上，美在我的脚下，美在我的前面，美在我的后面，美无所不在，环绕四周。”

这跟大多数人所看到的很不一样。大多数人认为他们的经历中的一部分比其他部分要美，有一部分人比其他人要更特殊。到底哪一个方式是对的呢？

想象你在一个大雾天走在海滩上。你看不见远处，只听见海浪撞击岩石的声音，海鸥的凄烈叫声，还有风的声音。寒冷穿透了你的衣服，你瑟瑟发抖。每一个地方都是潮湿和灰暗的。声音从你看不到的地方传来，你很害怕。

现在想象你在同一片海滩上走，但是太阳普照，阳光在水面上荡漾，海鸥在万里无云的天空中穿过，开满太阳花的高崖耸立在远处的岸边。你的脚陷进温暖的沙滩。

哪一个场景更加真实呢？明晰就是没有雾，看得清清楚楚。就是在一个光线充足的地方辨认出方位，没有限制地看清一切。

我们每个人都曾经在深夜被惊醒，惊惧或哭泣着。当我们意识到自己在那儿时我们会说："感谢上帝！"明晰就是知道自己在哪儿。它就是将一个黑暗的恐怖经验替换成一个幸福的光明体验。

明晰与分享是一对双胞胎。有其中一个的地方，就有另外一个。当你分享时，你将特殊的东西给予特殊的人。所以每一次你分享，你都学会看得更清楚。你这样做得越多，你就越善于这样做。

当你花时间和别人在一起时，那是个礼物。当你即使害怕但是还是去分享自己的感受时，那也是个礼物。关爱别人永远是个礼物。这是你能够给予的最好的礼物。当你给出这样的礼物时，你也开始收到它们。过了一阵之后，所有你给出和收到的都是礼物。

树和山都是礼物。谁将它们给了我们？谁将家禽、鸟类，还有你的生命给了你？它们是来自宇宙的礼物。你所收到的来自宇宙的另一个礼物就是每一刻你所遭遇的体验，它们是为你而完美设计的。这个礼物自你出生之时就开始到来，一直到你死时结束。

你和宇宙共同创作这个礼物。你决定它是什么，而宇宙将它给你。这就是那个黄金法则——你为他人做什么，他人就为你做什么。这也被称为业力。如果你不喜欢别人为你所做的，那么你可以通过为他们做不同的事来改变它。你就是通过这种方式来跟宇宙合作。每一个时刻你都选择一个新的礼物，而当时间正确的时候，宇宙将它给你。

每一天都有你所订购的礼物到来，每一天你也订购更多的礼物。你通过启动自己的意图，用行动来订购。宇宙接收你的订购，然后将它们送给你。每一个人都会得到他或者她所订购的。如果你订购的是恐惧，你也会得到它。如果你订购的是爱，你会得到它。

当你订购时，你跟宇宙分享。当你的订购完成时，宇宙跟你分享。抱怨你的礼物就像是在大雾中行走，而认出你的礼物——以及谁订购了它们——就是在阳光中行走。

在阳光中行走就是明晰。

一棵巨大的红杉树，古老而摇摇欲坠。在一声开裂声后，令人无法想象的事情发生了。在树的根部，巨大枝干的一侧开始折皱，就像是一栋要倒塌的大楼的下面几层一样。在树的另一侧，20米之外，有一道裂痕突然在庞大的树皮上显现。裂痕向上延展开去，先是慢慢地，然后很迅速地变宽。

这棵数千年古老的树开始移动。几十米高的树顶在风中晃动，当它晃到一边的极限处，继续向下倾倒。断开撕裂的声音越来越大，直到超过一辆货车的轰鸣。几个世纪的成长造就而成的无数吨重的树，开始了它们最后的旅程。

当这庞然大物倒地时，它将周围的红杉树上那些比橡树还巨大的树枝刮断了。带着巨大的力量它不断向下，没有任何东西可以阻止它，也没有任何东西来阻止它。它倒在地上，弹起来一下，最后就彻底安静了。

这阵巨响结束了。就在几分钟之间，数百年向太阳的伸展成长就在一次对地球的最后拥抱中结束了。慢慢地，森林里的声音也逐渐恢复了。昆虫的鸣叫，树叶在风中的沙沙作响。小动物们很小心地重新出来了，大的动物也开始跑动了。

这就是一个爱的故事的一部分。树叶、主干、树枝，以及根都爱着彼此。

它们的爱是持续不断的。新的叶子会温柔地取代那些变成棕色的叶子。红杉树已经葱绿数个世纪了，但是它的叶子却没有一片有这么老。树皮爱着树根，树根爱着树枝。主干将它们全部连在一起，而树叶则滋养它们全部。

这棵红杉树的爱之故事还包括了其他的角色。它还爱着地球和天空。从它发芽一直到最后戏剧化倒下的那一刻，它都爱着天和地。它爱那些在它的树枝上筑巢的小鸟，在它下面栖息的动物，还有它的树皮喂养的昆虫。它们是一个大家庭，一个完整的大家庭。

这个故事听起来很熟悉吗？应该是这样的。不管你向哪里看，向内或者向外，都能看到它。你身体上的各个细胞爱着彼此：你的血爱你的心脏和肺，你的脊柱爱你的大脑。你的身体是一个每天都在继续的爱的故事。你身体的每个部分都在供给其他部分的所需，也从它们那里获得自己的所需。你就是一个在行走、在说话的爱的故事。

每一个爱的故事都是一个更大的爱的故事的一部分；而每一个爱的故事，不管大小，都有无数的爱的故事在它里面。宇宙中有无尽的星云，每个星云中有无尽的恒星，每颗恒星中有无数的分子、原子、亚原子粒子。这些粒子在不断舞蹈，成为彼此，再次分开，又再次聚合。

最大的爱情故事不像我们，也不像红杉树，它没有开端也没有结束。我们是那个故事的一部分。有的时候当我们能够瞥见这个故事的时候，我们充满了敬畏和喜悦。科学家称这个大的爱的故事为“彼此关联”。没有一样东西能够独立存在。如果我们认为有什么能够没有我们而存在，那是因为我们只能看到这些爱的故事的一小部分。有的时候，我们甚至都没看见自己的爱的故事。

不管我们是否能够看到，这些爱的故事都在发生。树的爱的故事并不在它倒地之后就结束了。新的一章开始了。树木会腐朽，将它自己全部归还给地球。昆虫吞噬了它，而鸟类又吃了昆虫。蜜蜂在里面做蜂巢，而熊又从蜂巢里面吃蜂蜜。甚至当树已经消失之后，故事还在继续。更多的树出现了，更多的昆虫、小鸟、动物也出现了。当森林消失后，故事也不会结束。甚至当地球完结时（这一天总会到来），故事也不会结束。它没有结局。

爱和尊重相伴而行。当你看到那个大的爱的故事时，你意识到自己在每一个人的故事里，而每一个人和每一件事都在你的故事里。即使那些你还未遇到的人也是你故事中的一部分，你也是他们故事中的一部分。他们的受苦和快乐都是你故事的一部分。你的受苦和快乐也是他们故事中的一部分。大的爱的故事包括所有一切。

当你的故事成为了所有人的故事，而所有人的故事也成了你的故事，这就是爱。

信任

“向造物主要求你想要的，然后他就会回应你。”他们告诉她。

从她还是一个婴儿开始，他们就一直在告诉她这个，现在她已经七岁了。

“我向造物主要求了。”有一天早上她说道。

“你要什么了，亲爱的？”他们问道。

“在我生日那天我想要下雪！”她咯咯笑着说道。

她的父母有些担心地对望了一眼。小女孩的生日在七月份，而他们生活在沙漠中，七月份的沙漠是很热的。

两周之后，小女孩再次谈到她的生日。

“我希望有一个聚会，让所有的朋友都来。”她宣布道。

父母更加担心了，但是还是安排了这个生日聚会。每一个人都来了，都玩得很愉快，然后走了。那一天没有下雪，但是小女孩看起来并不伤心。

“造物主没有回应你，你会不会失望啊？”他们小心地问她。

“他回应我了啊，”她回答道，“他说，‘不！’”

有些人称这个造物主为宇宙，他们认为自己知道宇宙是如何运作的，就像那个小女孩的父母一样。他们总是很失望，并努力去理解为什么事情会如此发生。他们对宇宙给自己的一些答案感到满意，对另一些则不满意。

“为什么宇宙要对我如此？”他们问道。

“这不公平！”他们说道。

这些人和这个小女孩之间的区别在于信任。她对宇宙给她的任何回应都是满意的。他们不是。他们认为自己知道宇宙是什么样的，如果它不是那样的时候，他们就会烦恼。

你是否曾经非常担心一些事情，比如一个考试，以至于你无法思考其他任何事情？如果你的车在考试那天无法启动，你会很惊恐；如果你将自己的笔记忘在家里，你会很生气。你可能想通过考试，但是宇宙想要你做其他的事情。

你的考试是重要的，但是去学习了解恐惧和愤怒也很重要。对宇宙来说，这比考试更重要。你可以同时做这些事。当你的车无法启动时，你可以学习了解恐惧；当你把笔记忘在家里时，你可以学习了解愤怒；当你考试的时候，你可以看到你在课堂中都学到了什么。

在印度的传统中，因陀罗是一个天神，它掌管天上的世界。有一天他决定访问凡间。他一直没有返回天堂。过了一段时间之后，其他的天神开始担心了，他们派了一些信使去找他。

最后一位信使找到了他，他已经变成了一只猪。

“因陀罗！”信使哭喊道，“你必须回来啊，天堂现在一团糟！”

“回去？”因陀罗很惊奇地答道，“我不能回去，我还有一只母猪和五只小猪呢！”

因陀罗忘记了自己是谁，信使想要让他记起来。

当你将宇宙当成一个伙伴，它总是帮助你回忆起最重要的事情，这就是信任。

一个教练比她的球员知道得要多。将宇宙看成你的教练。想要打球打得更好，你需要倾听。如果你不相信她，你就不会接受她的建议。但是迟早你都会开始听的，不过这往往是在一些很失败的比赛之后。为什么不节省你的时间呢?

要信任宇宙能够做到这些：宇宙总是让你注意到最重要的东西，它想要你注意到自己的生活中正在发生什么。当你这样做时，你就在听你的教练的话。你就在负责自己的部分，没有停止训练，或者做到最好。你在聆听，你也越来越出色。

你的生活就是这场比赛。宇宙想要你从那些快乐的事情中学习，它也想要你从痛苦的事情中学习。你的工作就是去意识——使用你的直觉，还有设定你的意愿。然后就要像那个生活在沙漠中的小女孩一样，观望下面会发生什么。你可能认为自己知道什么对自己最好，但是宇宙知道很多你所不知道的。因陀罗坚持做一只猪，你在坚持什么呢?

宇宙没有在训练你变得恐惧、愤怒，或者悲伤。

它在训练你成为自己，就像那个来自因陀罗的天堂家园的信使一样。

知道这一点就是信任。

第三章

有些人认为意见不合是不好的，

就像是滑雪时摔跤一样。

但是灵性伴侣们不是这样看待事情的。

他们将意见不合看做一个朋友可以相互了解和学习的方式，

并且因此而成为更好的朋友。

旧的男性

“他们回来啦！他们回来啦！”小哈利·霍克大叫道。

在远处的灰白的夜空中，有些人马慢慢浮现。每个印第安帐篷中都有女人和小孩走出来，在冰冷的空气中，他们的脸疲惫而紧张。

“你看得清楚吗？”玛丽·奈夫问她的女儿。

那个年轻一点的女人眯着眼睛，飞快地数着，然后说：“他们都在，三十四个人。”

“感谢上苍！”她的母亲轻声说道，十天来她瘦弱的身体第一次放松下来。

马越走越近，慢慢地靠近耐心等待的女人和孩子们。

突然亨利·希尔德握着拳头将长矛高举在空中。他的胜利的呼喊声传遍了空旷的雪地，整个村庄都充满了他喜悦的声音。女人们喜极而泣，小孩们兴奋得跳起来了。

在希尔德的身边，是三十三个男人，有年轻的，有年老的，都自豪地微笑着。他们也在内心深深地感谢着上苍。

“去拿木头来生火。”海伦·奈夫对她的儿子说道。小男孩于是蹦蹦跳跳地向溪水那边走过去。海伦和她的母亲一样半个月来第一次放松了下来，她的丈夫在那时跟他的叔叔和兄弟们上马进入了茫茫的雪地中。

“我们今晚终于可以吃东西了，”她对自己轻叹道，“今晚我们可以吃东西了。”

你是否想跟亨利·希尔德还有他的兄弟和叔叔们一样？直到最近为止，几乎所有的男人和每一个男孩都会说是的。那是因为希尔德他们很出色地扮演了每一个男人生来要扮演的角色——直到最近。那就是为他爱的人提供食物，如果有必要的话用生命来保护她们。这个角色就是去保护他的家庭成员的安全，并且给他的孩子们提供他们健康所需的。

亿万的男人已经扮演了这个角色，它是每一个儿子的目标，也是每一个父亲的成就。这里还有一个这个故事的现代版本。

“爸爸什么时候回来啊？”玛丽问道，一面将她的洋娃娃第五次地哄上床，“我想他。”

“我也想他，亲爱的。”南希说道，温柔地捋了捋女儿的棕色头发。

在楼上电视里卡通人物的声音一直穿过大厅。一阵一阵地传来汤米兴奋的大叫声。在厨房里，汤在慢慢炖着，香味充满了房间。

突然大门打开了，父亲回来了，左胳膊下夹着报纸，两手各托着一袋食物。寒冷的空气紧跟他从门外吹进来。

“爸爸，爸爸！”玛丽大叫着从楼上冲下来。玛丽早已经紧紧抱住了他的右腿。

“我的小宝贝，你好。”他微笑道，同时努力保持手中的食品袋不掉下去。

南希过来救他了。“你回来啦，亲爱的。”她说道，她的眼睛闪着光，吻了一下他的脸颊。他露出了微笑。

“回家真好，”他微笑着将撕裂了的食品袋递给她，“回家真好。”

你能看出两个故事是一样的吗？两个故事都很高尚。保护者回家了，供给者回家了。一切都很好，一切都很安全。他回来了，他回来了。

这个角色很古老，它跟人类一样古老。它是男性意味的核心。没有供给者和保护者，人类不可能延续到现在。保护者给人类安全，供给者给人类饱暖。他是父亲、叔叔和祖父。不管他的伴侣、孩子、侄子、侄女、孙子、孙女需要什么，他都提供。当危险临近时，他会挡在危险与家庭之间。没有什么比这些更重要的了。这些就是他来此的原因，他活着的理由。他们能够依赖他。只要他一息尚存，他们就能够依赖他。他总在这里提供臂膀。

这个角色特别美丽，因为它并不单独存在。它是更大图景的一半。

另一半也同样壮美。

旧的女性

静子望着美弥子美丽的杏仁状的眼睛，并抚摸她黑色的头发。美弥子柔软而小小的身体在静子的怀里，而她的小胳膊伸出去，她的柔嫩而有力的小腿一阵阵地乱踢。美弥子紧闭上了眼睛，然后又将它们打得更开，去探索这个已经开始属于她的新世界。它们转向了静子，并且一直停留在她身上。

静子呆住了。她这个刚出生的婴儿的眼光似乎穿透了她。她很希望自己能够看到她所看到的。一个新的生命诞生了，跟她之前的婴儿都不同，就像她自己

跟她自己的兄弟姐妹，还有丈夫一般地不同。一个如此柔嫩、没有任何防卫的、才几个小时大的孩子，怎么可以如此临在和特别呢？她在婴儿的眼睛中看到一种生命的力量，这生命的力量已经在展开，就像一粒种子在长成一棵大树。

美弥子的表情改变了。静子马上就发现了。她将小婴儿抱到胸前。她的嘴找到了她的左胸，然后美弥子就开始吮吸。小婴儿的要求表达了，并且得到了满足，她轻微而有节奏地喝着自己母亲的奶。不仅仅是美弥子得到了滋养。喂奶给自己的孩子所获得的满足感也在静子的心中升起，她看着正在吃奶的孩子，感到一种熟悉的爱意充满了自己。又一个小身体，又一个宝贵的心灵，又一个她会珍爱一生的朋友到来了。

她的旅程再次有了一个新的开端。她将会一直知道美弥子的需要，知道她的痛苦，并且为她的快乐而兴奋。她会跟她一起探索世界，并且为她们之间的区别而惊奇，就像她曾经跟自己的两个儿子一起经历的一样。现在她们的家庭成员是五个了——她和她丈夫、美弥子，还有美弥子的两个哥哥。

还有更多的成员会到来。她能够在自己的心中感觉到。当她的家庭变大，她也会越来越有耐心。所有的一切都在按照它应该和需要的样子展开。她的孩子和生活的美妙流过她，她闭上眼睛，就像一只母狮子待在太阳的温暖中一样。她的身体自从生孩子以后第一次地放松了。她想到了自己刚出生的女儿，还有儿子和丈夫，慢慢地睡眠到来了。她的身体知道自己该休息了，还有很多事情要做呢。

非常多的事。

静子将会继续照顾美弥子，持续一生。在美弥子是一个小姑娘、成为一个女人、作为一个成人，还有成为一个母亲的所有阶段都为她提供她所需要的。随着静子在地球上时间的推移，当她抚养孩子、看着他们长大、越来越深地爱他们时，她自己的生活也会越来越丰富和深刻、强大和清晰。她将成为他们力量的泉水，成为一个永远不会停止的瀑布，一颗永远闪耀的星星。这就是她的目标。她生来就是要做这些事情的，而她也会做到。没有任何事情能够阻止她。

这个角色也很古老。亿万的女性曾经扮演过它，还有更多人会扮演它。那就是人类大家庭中的母亲们、姨妈们，还有祖母们。她们总在那里支持着我们。只要她们还一息尚存，她们就会支持我们。她们和旧的男性加在一起组成了一幅完整的图景，她们是人类生命的泉水。

旧的男性和旧的女性彼此之间的关系就像是太阳和月亮、沙滩和海洋、山峦和天空一样。他们总是在一起的。在一起他们完成了一个他们单独无法完成的目标，他们做的每一件事都服务于这个目标。这个目标就是保证人类种族的延续。他们需要彼此，而人类生命也需要他们。

旧的男性和女性生来就要实现这个目标，他们的生命是服务于这个目标的，他们的结合也是一样。

婚姻

芭芭拉以一种看起来像是飘的方式向内森走过去。他脸上敬畏的表情告诉她，自己一定处于一种特殊状态中。她今天感觉很特殊。她眼中只有面前的这些人：她所深爱的内森、他的朋友、她的朋友，还有牧师。她来到他们面前。她感觉自己一直都知道有一天自己会站在这里，和这些人一起，做她正在做的事。

牧师开始说话了，不过当他转向她时她才听清了。

“芭芭拉，”当牧师对她说话时，她一直注视着内森，“你是否愿意嫁给内森，爱他、安慰他、尊重他，在疾病与健康之时都守着他，在你有生之年都忠贞不二？”

她一定是回答得不错，因为牧师又转向了内森问他相同的问题。她的心在替她说话，它充满了她，并溢出了她，进入了这个大房间，让这个房间充满光。

“内森和芭芭拉之间的婚礼创造了一个新家庭。”牧师现在对他们面前的人说道，“你们会尽力去支持和照顾这婚姻中的两个人吗？”

“会。”仿佛是房间在回答。

芭芭拉看到了牧师的嘴在动，但是她还是没有听到他说话。她在倾听自己的心。在内心深处这些话冒出来，她说道：“我，芭芭拉，愿成为你——内森——的妻子，从今天开始相互拥有、相互扶持，无论是好是坏、富裕或贫穷、疾病还是健康都彼此相爱、珍惜，直到死亡才能将我们分开。”她的声音传到了最远的角落，充满了这里的空间，她宣读着誓词，从这一刻直到死亡。

内森的脸很清醒，他也念了同样的词，每一个词都像是一块被切割过的水晶一样从一个神圣空间中出来，锐利而清晰。她从未看到他如此临在、如此伟岸、如此坚定过。她能看出他在说真话，而其他人也能看出来。

内森将戒指戴到她的手指上。她也很小心仔细地将她专门为这特殊地点、特殊时刻、这个特殊的人所准备的戒指戴到了他的手指上。

“我现在宣布你们为丈夫和妻子。”牧师说道。

房间里爆发出欢庆声。

一个和人类一样古老的契约被用心签下。一个新的家庭被创造出来，就像它之前的无数家庭。一个丈夫和妻子结合在一起，为了完成丈夫和妻子一直在做的——帮助彼此去生存以及生养孩子。芭芭拉爱内森，而内森也爱芭芭拉。他们希望分享一个家并且将它变成他们的巢。就像小鸟一样，他们会以自己的方式来孵育后代，也像小鸟一样，他们的孩子会离开这个巢而自己飞翔。这不是一件简单的工作。

两人都会非常努力。内森会赚钱买食物、衣服，将世界中尽可能多的东西展现给孩子看，并且教育他们。芭芭拉会非常小心地照顾他们，她会清扫这个家、准备食物。她会跟老师们见面，并且在孩子们受伤时安慰他们。他们会各自扮演自己的角色，就像孩子们有一天也会扮演的角色一样。这就是旧有的男性和女性角色。

旧的男性、女性和婚姻是一起的。旧的男性和女性需要彼此来完成他们生来要完成的事。旧的男性需要供给和保护，旧的女性需要生养孩子，婚姻就是他们做这些事情的方式。

旧的男性和女性必须结婚和生孩子，就像鸟儿在冬天必须飞向更温暖的地方、野牛必须迁移到更多绿草的地方一样。这就是他们所是的样子。这种本能来自于他们存在的核心处，它保证了人类的延续。

在每一个文化中的每一个婚姻，都将一个旧男性和旧女性连接在一起。它是为他们而设计的，由他们来完成的。它宣布了一个新的家庭的诞生，禁止任何人毁坏它，并且让所有人都支持它。

当他们结婚时，芭芭拉和内森宣誓要在疾病和健康之时、还有穷困与富裕之时都彼此支持。他们宣誓在一起度过艰难的时期。对他们来说只有一件事情能够改变这个——他们中的一个或者两人的死亡。

这是一个旧男性和一个旧女性在一起能够许下的最强的承诺。他们是五官感知的人，所生活的世界被自己的五官所局限，所以无法看到死亡之后。当他们死的时候，他们无法再这样做了。所以一个直到死亡的承诺是他们所能许下的最有意义的承诺。

这个安排已经让我们运转了数万年了。旧的女性生养孩子，旧的男性保护他们，提供物资和食物。而婚姻将他们结合在一起来做这些事情。

当多感官感知进入画面时，又会是怎样一幅景象呢？

新女性

“女士们、先生们，有请下一任美国总统！”

两党都史无前例地支持了同一位候选人。悲观主义者害怕两党执政系统的崩溃，而乐观主义者已经勾画出了美国政治的新时代。现在每一个人都翘首期盼着。

大厅里一片欢呼，旗帜挥舞，音乐响起。她走入聚光灯下，在讲台后站好，绽放出灿烂的微笑，向大家挥手。雷鸣般的掌声一直持续。她的优雅和力量结合成一幅泰然自若的美丽均衡图画。她向面前和电视机前的数以千万的观众点头表示谢意。

民主历史上从未有一个人称自己的选民为“心爱的人”。戴安娜却很自然地这样做了，这虽然第一次听起来很奇怪，但是没有一个人反感。她做市长、做议员、做总统候选人时都是这样做的。从她灿烂的笑容里，我们能够看到，即使现在是美国总统了，她仍然将她的选民看做是心爱的人。

最后掌声终于慢慢变小，仿佛大家是跟随某一个人的信号一样。大家都将注意力集中在面前讲台上那个人身上。全国、全世界的数以千万的人也一样。

戴安娜很耐心地等待着，倾听着自己的内在感觉。她黑色的衣服更衬托出她的黑色皮肤。她黑檀般的头发在明亮的灯光中很耀眼。戴安娜曾将和平带到她的曾经充满暴力的城市，将男议员和女议员以前所未有的方式联合起来。最后，她开始说话了。

“我亲爱的兄弟姐妹们，”她说道，“我们再次来到了一个十字路口。”这个演讲后来得到了历史学家的一致称赞，政治学生们会一次又一次地重读它。但是令人吃惊的是，她并没有带稿子。

“在我们的内在，新的生命正在涌现，一个新的春天已经到来。我们都是其中的一部分，但是不再是一个独自的部分。美国历史的一个新时代已经到来了。我们是一朵巨大的花的一瓣。我们的斗争跟其他人的斗争正在融为一体，而我们的满足也正在流入其他人的满足中。”

“美国人是先锋，我们的祖先来自各个不同的民族。在我们的血液里流动着每一个兄弟和姐妹的血液。在我们的内在有对所有民族的欣赏，因为我们来自所有民族。我们国家的历史是短暂的，但是我们的源头的历史却是永恒的，它包括所有民族的历史。”

“现在我们正面临一个新的前线——相互依存的前线。我们非常善于探索新的前沿，而探索这个前沿是我们的宿命。美国是为这次挑战而独特准备的。我们有技能和经验可以分享。但是相互依存的前沿无法独自探索。它不是大草原或者高山。这个前沿是慈悲和共同创造。现在，来自每一个民族的每一个男人和女人在每一刻都面临这个前沿。”

戴安娜继续讲了二十分钟。“美国人民的角色就是去成为相互依存的楷模，并且以每一种方式将它活出来。”她还说道，“历史和我们的心现在已经因为一样东西而联合——那个东西就是生命。”

当她完成演讲时，有一段长时间的沉默。然后掌声响起。当戴安娜的言语越来越深地渗入大家心中时，掌声也越来越响。突然它再次如雷鸣般。在随后的几个月、几年里，戴安娜的演讲会更深地渗入大家的心。

这个图景对你来说显得不真实吧？一个女人能够在男人很擅长的领域，比如政治——变得很出色，并且将自己的慈悲和女性感知带入其中吗？虽然这是一个虚拟的故事，但你看看自己的周围，你将发现这是正在发生的事情。你飞机的机长、你公司的主管，还有一些国家的总统是女人。建造你的房子的木匠、将食物运到你的杂货店的卡车司机、将邮件发到你家的邮差也是女人。

这些女人不像过去的女人。她们不认为自己是在某些地方有所不足的，而她们也的确如此。

她们跟随自己的心。如果它选择成为建筑工人，她们就会成为建筑工人；如果它被商业世界所吸引，她们就进入商界；如果它想变成一个专业人士，她们就去上学；如果它想要孩子，她们就生孩子。

这跟旧女性之间的区别很大。旧女性的角色就是生养孩子，她没有别的角色，她也不被其他角色所吸引。只有生养孩子会给她带来满足。她能够做得很好，但是她不会做任何其他事，她也不想做任何其他的事情。

新女性能够做旧女性做的——生养孩子——如果她选择的话。她还能做其他任何事情。这就是新旧女性之间的差别。新女性能做任何事情，旧女性不能。旧女性想要生养，这是吸引她和令她满足的生活。没有任何其他的事情能够更强烈地召唤她。她不会想去开一个公司，成为一个职员，或者去开卡车。那些都是她的丈夫的事。

新女性不受任何限制。她们和总统戴安娜一样有竞争性，也同样慈悲。她渴望将自己的才能带给大家，为了实现这个目标，她会做该做的。她的心带她去哪儿，她就去哪儿。别人无法为她定义她的角色。她走在灵性的旅途上，真实力量是她的目的地。

对人类来说这还是一个新的体验。每一个民族都有自己的女性的故事，但是从未有女性像现在这样在任何时候遍布所有地方、所有民族。不受任何限制的女性正在世界的每一个地方涌现。

当她们到来时，大的改变就发生了。

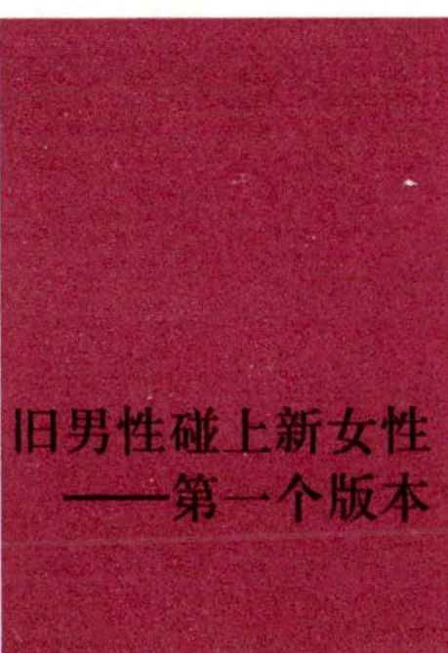

旧男性碰上新女性
——第一个版本

“我再也不想像现在这样活下去了！”她的眼睛因为哭泣而红肿。她绝望地努力说了自己能说的，这些话已经被她藏在心里很久了。她直视着他。

“你不知道自己在怎样跟我说话，你完全没有注意到。你对我根本不尊重，我再也不想这样了。”

约翰瞪着她。他感觉自己的心像冰一样，他的眼睛眯着，下颚紧绷。

“不要这样看着我！”她半请求半警告地说道。

“我爱你，但是我再也不能忍受你或者任何人对我这样了。”

“我说什么了？”他反击道，“就是因为我说我们不能去看电影？这值得进行争论吗？”

“不是你说了什么，而是你说话的方式。”她努力解释着。

约翰的愤怒到达了爆发点。

“我说什么你都不满意！你不喜欢我对你说话的方式，也不喜欢我看你的方式！”

“我不喜欢你不尊重我。”

她的眼睛变得跟他的一样冰冷。然后他们都开始发怒。

约翰几乎向后退了一步。她的愤怒让他感到吃惊，这愤怒在上周和昨天曾经让他吃惊过。他不习惯看到她如此愤怒，也从不知道她可以变得如此愤怒。他感觉到一种羞辱感。如果她能够现在以这样一种方式跟他说话，她就能够在别人面前也这样说话。想到这，那种羞辱感让他的脸都红了。

“我付钱买房子，”他声音变高地提醒道，“买食物、买衣服，这一切都是我买的，我很劳累才做到这些。难道不应该得到一些感谢吗？”

卡若儿退后了一步，不是因为害怕，而是因为绝望。她的爱和愤怒超过了她能够承受的地步。但是，让她吃惊的是，自己的愤怒并不想让步，它不想再次压抑自己。

“我下周开始上学。”她突然转换话题，说道。

“不行。”约翰回答道，“谁来看孩子？谁来打扫房间、做饭？”

“我们一块儿做，或者我们找个人来帮忙。”她说道。

“那谁来出钱？上学不要钱的吗？世界上难道缺你这一个建筑师吗？你的孩子需要你，我需要你。你到底怎么啦？”他叫道。

约翰无法理解卡若儿的变化。她令他困惑，而且是一种不愉快的困惑。他的世界正在崩溃，他所计划和努力维持的一切都在瓦解。她没有遵照她的角色，没有履行她的义务。他感觉到受伤和愤怒。卡若儿不再是那个当初结婚时的她。她发誓爱、尊重和服从他。他们是一个团队，但是她看不到这一点，现在这个团队正在瓦解。

他的痛苦和愤怒正混成一种体验，他无法辨别它们。痛苦里有愤怒，愤怒里有痛苦。他们的孩子怎么办？想到这他的心都碎了。就像水流过指缝，他所渴望的生活正在消失。他所有的计划、希望和梦想，都在消失。他无法阻挡这一切的发生。那个他当初娶的卡若儿，他的妻子、伴侣、孩子的母亲去哪儿了？

卡若儿已经走到了一个不再回头的点上。她并不想面对，但是她的心知道这一点。跟约翰一起的生活就像坟墓一样。从前她每天都在其中找到一种归属感，但是现在不再如此。她一定能够找到一个照顾自己孩子的方法，一定有一种方法的。在她的内在正在发生一个巨大的转变。就像两个板块在移动，一场地震正在摇晃她的生活，这已经开始了。它只有在转变完成、压力消失后才会停止。她的婚姻就是那道断裂线。

当她想到要上学时，心开始唱歌。她对这个想法感觉很兴奋，但是也很害怕。她第一次去校园的时候感到很惊恐，没有一张面孔是熟悉的，她比大多数的学生年纪都大。但是她属于那里，她感到感恩。新的生活在召唤她，而她在里面感觉到一种从未有过的肯定回应。她跟约翰之间的治疗都是为了减轻他们分居所产生的痛苦，她不想再回去了。她的未来已经走向别的地方了。她已经走上了一条新的路，虽然她每次只能看见前面一步远的地方。

在内在深处，她知道一些特殊的事情正在发生。她认为自己的翅膀正在展开，但是还没看到自己飞起来。

旧男性遇上新女性
——第二个版本

“我再也不想像现在这样活下去了！”她的眼睛因为哭泣而红肿。她绝望地努力说了自己能说的，这些话已经被她藏在心里很久了。她直视着他。

“你不知道自己在怎样跟我说话，你完全没有注意到。你对我根本不尊重，我再也不想这样了。”

约翰瞪着她，他的眼睛眯着，下颚紧绷。

“不要这样看着我！”她半请求半警告地说道。

“我爱你，但是我再也不能忍受你或者任何人对我这样了。”

出现了一阵令人尴尬的沉默，约翰很努力地去听，他的愤怒跟困惑在打架。为什么又有这么一次爆发？他做了什么可怕的事啦？

“我说什么了？”他反击道，“就是因为我说我们不能去看电影？这值得进行争论吗？”

“不是你说了什么，而是你说话的方式。”她努力解释着。

他的内心争斗更加激烈了。他说话的方式怎么啦？那有什么问题呢？他感觉自己被错怪了，但是他同时也感觉到很脆弱。

“我说什么你都不满意！你不喜欢我对你说话的方式，也不喜欢我看你的方式！”

“我不喜欢你不尊重我。”

又是一阵沉默。他将目光移开，她的眼睛里有一把火在燃烧。他们俩从未对彼此如此生气过。但是现在他们每周都要争吵，她的耐心到了尽头，他知道这一点。

“你没有尊重我！”她尖叫道。

约翰几乎向后退了一步。他感觉到一种羞辱感。如果她能够现在以这样一种方式跟他说话，她就能够在别人面前也这样说话。想到这儿，那种羞辱感让他的脸都红了。他感觉到自己的身体变僵硬了，他准备以更大的声音回吼她，用自己的愤怒来压住她的愤怒。但是当他看到她在自己面前愤怒得发抖，他的心柔软了下来。她已经变得无所畏惧了，这令他敬佩。他喜欢敬佩自己伴侣的感觉。

突然他的心像一朵花一样地打开了，新的理解拥了进来。他从未看到卡若儿如此生气过，从没有人看到过。一直以来，她的愤怒都在她的恐惧和羞辱之下流动，现在它爆发出来，浮出表面，进入了他们的生活。这一刻，约翰知道自己对卡若儿来说是一个很特殊的人，而他知道是为什么。他是第一个她足够信任的人，她才能向他表露自己的愤怒。他感觉自己要欢呼了。

他忘记了自己的羞辱感。他以一种新的兴趣去倾听。还有什么会浮出表面呢？他感觉到他们共同到了一个特殊的地方，这里所有的一切都很真实。就在一瞬之前，他还对卡若儿感到愤怒，现在他从心底支持她。

约翰的一部分想要说：“我付钱买房子、买食物、买衣服，这一切都是我买的，我很劳累才做到这些。难道不应该得到一些感谢吗？”

但是他没有，他什么都没说。他想要接受她的愤怒，然后让她感到自己的爱。对约翰来说，这是一个新的体验。他当时并没有意识到，但是他的生活因此而改变。第一次，他忘记了自己，而真正去倾听了一个愤怒的人。

这就是事情运作的方式。在一段关系中，当新女性开始做自己时，旧的男性要么会离开，要么会改变。他的伴侣帮助了他——如果他允许的话。然后他们的关系就变得完全不一样了。

仿佛过了很久，卡若儿双拳紧握地站在那里，很生气地瞪着他。约翰站在小房间的另一端，很安静，也没有动弹。

"我下周开始上学。"她挑战地说道。

约翰点了点头，无声地表示同意。他意识到，她一定会去的，没有什么能够阻挡她了。她的心找到了一条道路，她正在跟随它走。他感觉到一种好奇的兴奋。他从来没有过这样的一位伴侣。规则正在改变，他也在改变。他知道自己正走上一片未探索过的疆域。

"我们会想出办法的。"他说道。但是他的恐惧马上就回来了，他们能想出什么办法呢？他需要工作，需要有人来照看他们的孩子。还有更让他担心的是，自己会失去卡若儿和家庭。她接下来会做什么？现在她有一份自己感兴趣的事了，她会不会想跟他一样？每个人不是都这样吗？

“我们一定会的。”他听到卡若儿说道。她声音里的柔软让他惊奇。她的表情已经改变，她看着他，带着一份好奇，还有一份爱。

他并不知道他们接下来会怎样做，但是他知道他们会一块儿做。

她也是。

新男性

机场比往常要更加繁忙。到处都是人，在急匆匆地行走或者等待着飞机。柜台前排队的队伍很长。在一个很拥挤的区域，一个年轻男子轻轻地摇晃着手臂中的小婴儿包。他感觉到了我的目光，向我这边看过来。

我们相视一笑，就像那些有一些相同的特殊点的人一样。他对手中的婴儿的爱感动了我，我感觉到自己也被这爱所包围。突然之间繁忙的机场变成了一个温暖和友好的地方。这个年轻人对怀中婴儿的爱将我转变了，我从一个疲惫的旅客成了一个亲密旅程上的心灵同伴。他一点都不担心，没有任何事情会让他分心。他的婴儿就让他满足了，他对他充满喜悦，看着他的每一个动作。

他看起来像是一个每天早起、经常给婴儿换尿布、做早点的人。跟他在一起，令人感觉安全。然后一个女人走过来加入他们。她一手拿着机票一手拿着钱包，她对着他微笑了一下，然后又对他们的孩子微笑。

你见过这样的男人吗？温柔然而有力，充满爱但是也很敏锐；会照顾人但是也充满勇气；不去努力讨好他人，但是很慷慨；知道自己的感受。这种男性不被旧男性的角色所限制，他们跟随自己的心。

如果你还没见过这样的男性，那你很快就会看到。因为他们正在各个群体、民族、种族中出现。他们就是新男性。他们并不是旧男性的新版本，而是人类体验的新创造。他们正在重新定义阳性的概念。

旧男性供给和保护，这就是他们所做的全部。这也是他们生来要做的全部。供给和保护是他存在的理由，也是令他满足的全部。而新男性可以做任何事。他能够供给和保护，也能够被供给和被保护。他可以做一个公司经理，或者为自己的孩子做饭。他并不受限于他的文化给他角色的限制。他可以是一个武士、经理、管道工、秘书、护士，或者任何其他的角色。他自由地探索任何他所选择的路径。

新男性热爱生命。他尊老爱幼，爱护动物和植物、人类和地球。他关心病人、照顾幼儿、探望孤寡。当他悲伤时会哭，快乐时就笑。他的情绪像一条河流一样顺畅地流过他。不管是事业还是职业都无法囚禁他。没有规则能够阻止他跟随自己的心。在情绪层面，他是完整的。

一直以来，都有这样的男性，他们将爱带入自己的行动中，深深关爱别人——但是历史上从未有如此多的男性在所有文化和地方同时出现过。这就是正在发生的情况。新男性正在所有地方出现，在年轻人和老年人中出现，在富人和穷人中出现。

他们正改变着一切。

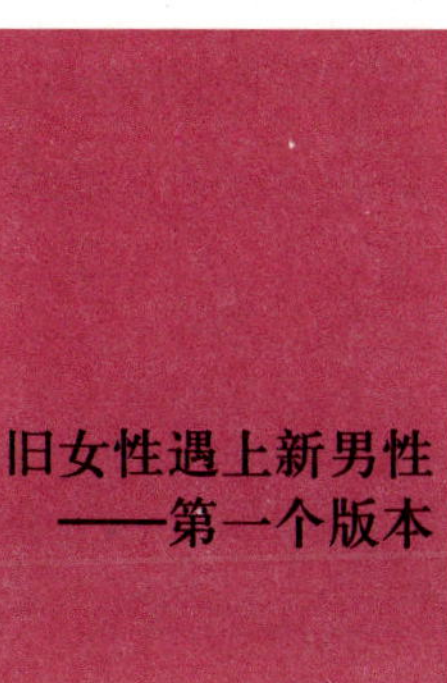

旧女性遇上新男性
——第一个版本

他终于触发了她的极限，马乔丽的脸都变形了。

“十二年！”她大叫道，“过十二年你本来都可以退休了！”

弗雷德知道她会这样。

“你本来什么都有了，但是你把它们都扔了！你本来可以在退休之后挖任何你想挖的花园，挖一辈子都行。现在你怎么办？”

“我会开始做广告，我已经准备好了。”他说道。

“你准备好了！”她讽刺道，“但是你以为这个世界上的其他人也准备好了？你认为有多少人会雇一个中年的前教授给他们的花园种植物？”

“为他们设计花园。”弗雷德纠正道。

“你怎么不明白呢？”像从前一样，她热泪盈眶地恳求道。

他温柔地靠近她，说道：“马乔丽，生物学很乏味，它只是纸上谈兵，但是我想要动手做。世界是活的，而我最喜欢的一个部分就是在土地上种植。现在我终于可以做我一直在教的东西了。我能够成为世界的一个部分，跟它一起工作、从中学习，并且给人们建造一个美丽的家。”

“这太丢脸了！”她说道，“我的丈夫，一个教授，却在人家的花园里挖地，就像一个园丁一样。”

“我可不止是一个园丁，”弗雷德说道，“还有，你不要忘了，我还是会写书的。”

“写什么书呢？如何在城市中种土豆？如何在泥巴里整天坐着？”她爆发道。

“马乔丽。”弗雷德再次尽力想安慰她，向她靠近，但是她将双臂交叉放在胸前，并且转过身去。

“你是一个笨蛋！”她嘘道，“你是一个笨蛋，你还不知道。”

马乔丽被恐惧给麻痹了。她在一条两个人的路上走了一半，突然她的伴侣离开了她。她生活中所有的一切都有赖于那条路：由他来付房租电费、买食物。现在怎么办？他不再年轻了。他本来还有很多学生和责任，他本来都有终身教职了！

她想到自己再也无法看到教员俱乐部，再也无法参加毕业典礼，还有那些崇拜自己丈夫的学生。绝望抓住了她。她整个的生活都分崩瓦解了。

弗雷德并不这样看。他感觉自己像个年轻人。他觉得自己的步子更轻了，微笑也更有感染力了。不过马乔丽破坏了他的快乐。他希望她陪伴自己，但是这种希望正在开始减弱。他们曾经共同分享了那么多。他想要分享更多，但是却办不到。她反对所有那些此刻正在召唤他的东西。和马乔丽一起在自己的新世界里是他的梦想，但是那个梦想已经在破灭。

在她申请离婚之前很久，弗雷德的新生活就已经开始成形了。新的朋友们到来了，新的挑战也是。新的满足出现了，就像春天里的花朵一样。弗雷德进入了新的领域，没有任何事情能够将他再拉回旧的世界里了——即使他对马乔丽的爱也不能。

一个新世界正在诞生，它诞生在弗雷德的内在。

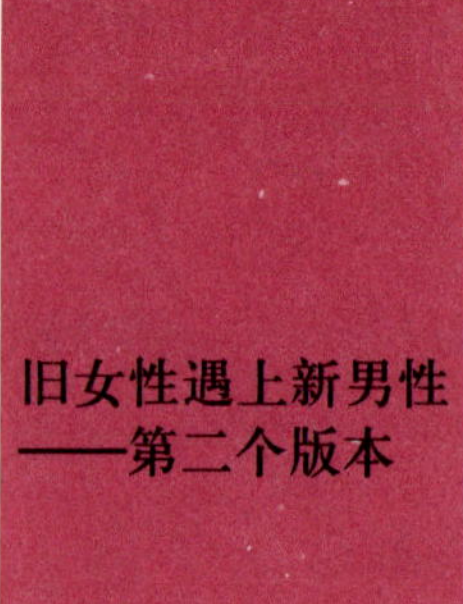

旧女性遇上新男性——第二个版本

“我卖了自己的企业，我是一个自由的人了。”迈克尔微笑道。

露丝可不在笑。

“查尔斯现在在管理它，我们的一个雇员买下了它。我退出了，他们进去了。”他继续说道。

她一直支持了迈克尔十二年——当他用心学习想当一个保险代理商时，当他努力想要自己创业时，当他雇佣了一个、两个、三个代理人员的时候。现在他拥有整个州最大的保险代理行。没有一个代理行比他的保险卖得更多、更出名、更被尊敬。这些曾经都是迈克尔的，但是现在这一切都是他的那个雇员的了。

“在五年内他们会让业务翻倍，然后我就会拿到我的资产净值。”他仍然在微笑，继续说道。

那现在怎么办？露丝生气地想到。

任何有一点经济头脑的人——迈克尔从前是有的——都不会这样构建生活。

她终于爆发了：“我们的计划呢？我们如何生活？”

“我们会去租一个公寓，而我会开始写作的。”迈克尔说道。

她瞪着他。

“亲爱的，这终于发生了，终于发生了！”迈克尔快乐地说道，就好像她也在微笑一样。

迈克尔进入了自己的美好梦想中，而露丝则进了一场恶梦。她曾经许诺要爱和服从他，但是现在他已经不是那个他们结婚时的人了。她觉得他已经疯了。很多年来他一直威胁要卖掉自己的企业，现在他真的这样做了。她最恐惧的事终于发生了。

“为什么？为什么？”她用狠狠的眼光看着他厉声说道。

“这样我们能够过我们生来就要过的生活了啊，”他回答道，“这样我们就可以去做我们真正喜爱的。未来有比退休更多的事情在等着我们。我们可以去寻找它是什么，让我们一起探索这样的生活吧。”

露丝继续生气着，但是现在一种新的感觉掺杂在愤怒之中。她努力想要忽略这种感觉，但是迈克尔的话让她感觉到一种激动。

到底是什么呢？离开他们的别墅有什么值得激动吗？住在一个公寓里有什么激动的吗？知道迈克尔现在要做什么了有什么值得激动的吗？不知道自己将来每天要做什么有什么值得激动的吗？这些都不是她从婚姻中所期待的。但是有一种很奇怪的感觉，她觉得自己再次变成一个年轻女孩了。

慢慢地，就像一个湖泊从一层薄雾中浮现一样，她意识到了一些东西。她第一次问迈克尔为什么，并倾听了答案。而他的答案也令她惊奇。

事情就这样发生了。当一个新男性开始出现时，要么他的关系开始破裂了，要么那个旧女性会改变。她要么选择离开，或者她就会开始看到新的可能性。

迈克尔和露丝谈到很晚，就像他们最初认识时一样，他们彼此倾听对方，他们已经多年未这样做了。

迈克尔跟她谈了自己对写作的爱，还有对她的爱。露丝谈到了自己的渴望，一些是旧的，还有一些居然是新的。他们也都谈了各自的恐惧。

慢慢地，他们的旧的生活开始显得很小了，甚至连他们的别墅都感觉更小了。当露丝看着迈克尔在清晨散发着光彩的脸，她看到自己从未看到过的他。对她来说，他是一个先锋、一个朋友、一个心灵合作之友。

她憧憬着跟他的合作，它会将他们带向未知的前方。

一种新的关系

“你给她打电话是为了问能否有机会复合吗？”

琳达在餐桌前坐在我的旁边，等待着我的回答。我不知道如何回答。那正是我打电话的原因，而我是绝对不想让琳达知道这一点的。

我的心之前一直被撕扯着。我的一部分想要重建我从前破裂的那段订婚关系。曾经有五年我一直想着我的前未婚妻。我在痛苦中一路向前，我已经从这痛苦中更多地了解了自己，但是我的心还想要实现那个我们曾经共同拥有的梦。我想要知道这是否还有可能，所以我给她打了电话。

我的前未婚妻用愤怒接了我的电话，并且也在愤怒中结束了整个谈话。在我们谈话的时候我根本没有时间问这个问题。大部分时间我都在听，而她在表达她的愤怒。我们曾经共同拥有的那个梦想不再有可能了，但是我还在渴望着它。而现在琳达在问我这个问题。

蜡烛的光温柔地照亮着她的脸，她看着我，耐心地等待着我的回答。我想要告诉她实话，想要解释这一切——五年的痛苦和成长，对我的前未婚妻的渴望，以及现在承认它们所带来的难堪。但是我又不想要破坏我和琳达之间的关系，我当时还不知道这是一段什么样的关系，但是我知道它对我很重要。在那开始的半年里，我们首先是朋友，然后变成了伙伴。然后我开始想我们可能还不止是朋友和伙伴。

我每次都期盼着跟她相聚，我们一起谈论那些对我来说很重要的事——内在和外在的挣扎。我们相互帮助对方去理解自己的挑战。现在，六个月过后，我突然想到我可能处在一段“关系”之中。这里面没有浪漫，也没有性的亲密。有时候我会惹恼她，有时候她会惹恼我。有时候我们在说话时，我感觉到不舒服，我也不知道为什么；还有时候，跟她在一起令我感到非常愉悦。

这是一段已经形成的关系，我很享受和琳达探索这段关系。琳达知道我有一个前未婚妻，以及我对她的高度评价，但是她并不知道更多。我知道自己对她的渴望让我面临一个十字路口。我想要跟琳达一起探索一段新关系，但是我也不想对跟我的前未婚妻一起生活的可能性关上门。这就是为什么我打了那个电话。

我对琳达提到了这个电话，但是没有谈到内容，但是琳达马上知道了，并且很温柔地提了这个问题。现在我坐在她的身边，感觉到很不舒服，并且很恐惧。如果我不告诉她事实，那么这将会是第一次我这样做。想到要对她撒谎让我感觉到恶心。但是我怎么可能对她说："我想念我的前未婚妻，我打电话就是问她有没有可能复合。在我对你敞开心之前，我需要知道那一点。"

赌注很高。如果我对琳达撒谎了，我就毁掉了我们关系当中我最爱的部分；但是如果我不这样做，我可能会失去她这个朋友和伙伴，以及往下可能发展出来的关系。

最后，我决定告诉她自己心里的话。我告诉了她我多么地爱自己的前未婚妻，我多么地想念她。我告诉她所有我跟她一起所学习到的，以及离开她给我带来的学习。我也告诉了她我的难堪。

我从未感觉到如此地脆弱，我从未意识到琳达对我来说有多么重要。我准备好了她会放下餐巾，起身离开。我已经准备好了从此以后不再有那些对我来说如此重要的谈话，以及她离开后所留下的空洞。我屏住呼吸，等待着最坏的结果。

琳达继续看着我，若有所思。最后她说道："我很高兴你告诉了我这些事情，现在我也可以爱她了。"

我从未感到过当时我所感到的那种轻松。我不但为她还在我的生活中感觉到轻松，我还为自己可以说那些对我来说最为重要的东西而不至于造成灾难而感到轻松。我说了不能说的话，但是我们还坐在桌子前，还在一同成长。我已经探究了自己的心，并考验了自己的勇气，所有这些都是跟琳达一起完成的。这段关系对我来说真是神奇啊。我现在进入了一个新的疆域，想到我们可以一同继续探索这个疆域让我感到激动。在我的心里，我知道我们一定会继续如此的。

琳达和我已经发现了一个激动人心的在一起的方式——说那些自己最怕说的话。我对她的欣赏已经更加深入了。跟她在一起我感到安全。我本以为她会对我的想法进行一个反击，但是相反，她能够理解我的恐惧。在我分享它们之前，我感觉到羞愧，但是之后，我感觉得到了疗愈。感觉到孤独、渴望过去并不可耻！我对自己前未婚妻的那种渴望并未因此而消减，但是它不再令我感到害怕了。我不再需要对琳达或者任何人隐藏自己的一个重要部分。

我的分享和琳达的倾听在我们之间创造了更多的亲密。我信任她，而她也信任我。现在这种分享已经成为了我们生活中的一部分。她会跟我分享她最怕分享的东西，而我也会跟她分享那些我不想让她知道的东西。这样的事情每一次都很难。我们这样做是因为我们都知道，不去分享那些重要的东西就像是将炸药埋起来一样，它一定会爆炸的。

我们成了彼此的心灵伙伴。我们的目标是进行灵性成长、变得完整，以及获得内在的安全感。我们利用我们的关系去达到这个目的。我们并不是第一个这样去做的人，也不会是最后的。成百万的人都正在发现这种关系、利用这种关系。这是新男性和新女性能够形成的唯一关系，也是他们想要的唯一关系。任何时候，当他们聚在一起，他们就会创造出这种关系。

这种关系跟其他关系的区别很大，就像新男性与旧男性、新女性与旧女性之间的区别一样大。这种关系有自己的规则。分享那些自己最怕分享的东西就是其中的一条规则。

它还有个名字。

灵性伴侣

“几乎所有我主持的婚礼中的人都不再使用传统的仪式了。还有一些人会使用，但是不多。”

“那他们想要用什么？”我问道。

路易向后靠在椅子上，他进入70岁之后反而变得更英俊了。

“他们想要写自己的誓言。”他说道。

“他们一般都进行什么宣誓呢？”我问道。

“他们会宣读自己会遵守的承诺——他们想要共同成长。”他说道，然后大笑起来。

“他们总是把‘服从’这个词删除掉，没有一个人喜欢这个词。”

我认识路易已经有二十年了。他的银色头发和充满爱的心令我感到亲切。多年的牧师生涯留下了一些职业印记，但是路易还是非常喜欢反叛，就像他喜欢服务一样。他现在还在经常做这两件事，就像他当年在教堂里一样。

“但是你还是会让他们结婚？”我问道。

“是啊！”他很开心地说道，“我们会谈典礼，我会首先计划如何进行，然后再举行仪式。每一个仪式都不相同，但是圣灵总是会到来的。”

为什么现在有这么多人会写自己的结婚誓言呢？在一个世纪之前，没有一个人会想到这一点。没有一个人会在教堂或者部落之外结婚。

什么发生了改变呢？

一个世纪之前，没有几个新男性和新女性。现在则有很多，而且每天都出现更多。这就是变化所在。

新男性和新女性会跟随他们的心，他们不关心他人对自己的期待。当他们结合在一起时，他们会创作自己的誓言。这些誓言对他们来说，就像旧的誓言对旧男性和旧女性一样重要，但是原因并不相同。旧女性和旧男性的誓言会帮助他们生存，他们聚在一起是为了创造外在力量。他们想要一个更加安全和更加简单的生活。而新男性和新女性的誓言帮助他们获得灵性上的成长，他们聚在一起是为了创造真实力量。他们想要过一种有意识、负责任和充实的生活。

这些不同的地方正是新男性和新女性想要在一起的原因，你不停地思考和谈论的东西就是你最想要的东西。如果你最想要的是金钱，那么你就会不停地想到和谈论金钱。如果你最想要的是好的成绩，你就会想到和谈论成绩。如果你最想要的是意识到自己的感受，那么你就会想到和谈论自己的感受。

新男性和新女性最想要做的就是疗愈他们的痴迷、迷恋、强迫症、上瘾症，所以这些是他们所谈论的东西。而旧男性和旧女性是不谈论这些东西的。

当一个人谈的是棒球，而另一个人谈的是网球，他们就找不到共同点。当一个旧男性和一个新女性，或者一个旧女性和新男性在一起说话时，同样的事情也会发生。旧男性谈的是工作、房子和安全感，而新女性谈的是灵性成长。旧女性谈的是孩子、家庭，新男性谈的是灵性成长。

新女性和新男性想要看到自己最深的恐惧，他们想要发现是什么让自己愤怒或者恐惧。他们想要疗愈自己身上所有不健康的部分——那些不在乎别人的部分，还有不喜欢自己的部分。他们寻找那些想要控制他人或者被他人所控制的部分。他们还在寻找那些自己身上感觉受害或者感到仇恨的部分。

旧男性和旧女性不会做这些事情。他们被设计来保护和供给、生养小孩。如果他们结婚了，当他们生气、嫉妒或者恐惧时，他们会认为自己的婚姻出问题了。婚姻是他们的船，而他们不想摇动自己的船。

新女性和新男性则像农民、磨坊工，还有面包师一样。他们将谷物带到磨坊去，然后将它磨成面粉，最后将面粉做成面包。谷物就是他们的恐惧——他们的愤怒、羞辱感、嫉妒和悲伤。磨坊就是他们的灵性伴侣关系。面包就是和谐、合作、分享，还有对他们所创造出来的生命的敬重。

新女性和新男性是走在灵性成长路上的伴侣，他们想要完成这旅程。他们的信任和爱将彼此联合在一起。他们的直觉牵引他们向前，他们彼此咨询。他们是朋友。他们常常欢笑，彼此平等。

这就是灵性伴侣——两个平等的人为了灵性成长而建立的伴侣关系。

灵性成长

新郎很英俊，新娘也很靓丽，他们和温暖的高山上的风景组成了一幅完整的图画。远处尽是白雪覆盖的山。松树环绕着来客们。当仪式结束后，乐队演奏着，每个人都吃着东西、跳着舞。

这时发生了一件特别的事，新郎看着自己的新妻子的眼睛说道：“我信任你，因为我知道你爱上帝超过你爱我。”

灵性伴侣知道任何事都没有他们自己的灵性成长重要。我想，这就是那个年轻人真正想对自己的新娘说的话。当灵性伴侣们必须在自己的灵性成长和朋友们对自己的期盼，或者家人对自己的期盼之间作一个选择的时候，他们会选择灵性成长。如果他们还必须面对自己的部落对自己的期盼，或者教堂对自己的期盼，他们还是会选择灵性成长。

这位新丈夫知道他的妻子会将灵性成长摆在第一位，放在所有一切之上，包括他。只要他也坚持自己的灵性成长，他们就会共同成长。这就是灵性伴侣关系的运作方式。其中一个伴侣的灵性成长为另一位带来了灵性成长的机会。然后另一位可以决定是否成长。

你还记得约翰和卡若儿吗？卡若儿就是那个对着自己的丈夫喊“你不尊重我！”的妻子，约翰就是她的丈夫。约翰并不知道自己没有尊重卡若儿。在第一个版本中，他认为他们只是相互有些误解。他们的确是有误解，但是他并没有意愿从卡若儿的角度来看问题。他们的婚姻因此解体了。

卡若儿在成长中。她不想不受尊重地继续生活在自己的婚姻中，她不想屈服于任何人的意志，即使是她丈夫的意志，而约翰则不想接受妻子的这些变化。

在第二个版本中，约翰努力去理解卡若儿，所以他们的婚姻被转化了。这就是一段灵性伴侣关系的特殊力量。当你的伴侣成长之时，他或者她会挑战你去做到的事情就是你为自己的成长所需要做的事情。如果约翰不尊重自己的妻子，他又如何创造出和谐、合作、分享和对生命的敬重呢？他无法做到这一点。卡若儿向他表明了这一点。她并不需要去谈真实力量，她只需要去实现自己的灵性成长——去“爱上帝超过一切”——而那正是她所做的。

约翰需要改变，但是不是为了卡若儿，而是为了自己。卡若儿告诉了他下一步往哪儿走。灵性伴侣关系加速了灵性成长。事实上，灵性成长的唯一方式就是通过灵性伴侣关系。

在你拥有勇气进入那些具有实质性和深度的关系之前，你无法得到灵性成长。不管你进行了多少的冥想和祈祷，或者设定了多少意愿。你迟早都必须要去运用那些你所冥想、祈祷和意愿的东西。这就需要其他的人。当这个人也效忠于灵性成长之时，你就处于一段灵性伴侣关系中了。

我们都开始想要灵性伴侣，想要进入灵性伴侣关系中。浅陋的交谈不再令人满足。赚钱、养孩子、买房子都不再令人满足，只有灵性成长令人满足。那是因为我们都在变成新女性和新男性。

每一段灵性伙伴关系都不一样。有些是在婚姻关系中，有些则是在商业关系中，还有些是在棒球队员之间的关系。这些灵性伙伴自己决定他们的关系是怎样的，自己决定自己扮演什么角色。

每一个灵性伙伴都会将自己首先看做是一个心灵，然后才是一个拥有人格的人。每一个人都投入地想要获得灵性成长。每一个人都知道灵性伴侣关系的目的是灵性成长。

当一段婚姻、商业或者棒球队员之间的关系变成了灵性伴侣关系时，他们所能获得的创造力、爱和灵性成长是没有限制的。他们的未来只被这些人的选择所限制。

而那些没有变成灵性伴侣关系的婚姻、商业和球员关系则是没有未来的。

能维持多久?

“我们正在办理离婚，玛丽莲很生气，但是她知道这必须发生。”斯科特说道。

我将电话移到自己的另一个耳朵。

“我们今天在关系咨询室决定的。”

我认识他们俩，也爱他们俩。我唯一能做的就是倾听。斯科特沉默了很久。

“这很难。”他说道。

我们都陷入了沉默。

“这很难。”他再次说道。

玛丽莲的愤怒是长期以来就有的。她在斯科特离开银行而成为一个有机农民的时候支持了他，当他到处去参加农业工作坊时她也支持了他。她很爱他，也很爱他们的孩子。但是她也很愤怒。

他们一同讨论她的愤怒，共同参加治疗。他们检视了她的童年、家庭，还有他们的婚姻。他们看了所有的东西。当斯科特每次离家旅行时，他能感觉到她的愤怒；当他回到家中时，她还在愤怒之中。

很多年过去了，现在还是要离婚了。

斯科特是一个新男性，而玛丽莲则是一个新女性。他们的关系并不是旧男性碰上新女性，或者旧女性碰上新男性。他们在一起都在获得灵性成长，并且也意愿一起进行灵性成长。他们的婚姻是一段灵性伴侣关系，但是它还是结束了。这是为什么呢?

因为他们停止了进行共同成长。斯科特还在进行改变，但是玛丽莲已经没有改变了。他们爱着彼此，但是那无法让他们待在一起。斯科特想要跟玛丽莲在一起，但是他更想要对自己真实。玛丽莲也想他们在一起，但是她的愤怒对她来说更重要。

他们并不是因为关系出现冲突而结束它的。所有的灵性伴侣关系都会有冲突的时期，有的时候甚至是非常强烈的。他们分开了是因为其中的一个拒绝继续成长，而另一个还在向前走。对玛丽莲和斯科特来说，这个过程花了数十年之久。理解这一点很重要，因为灵性伴侣并不会轻易换一个伴侣。换一个伴侣就像是在一个戏剧演出的中间变换场景一样，戏剧还是会继续的。

如果你在上十年级的时候因为不喜欢自己的同学而换了一所学校，那么不管你换哪所学校，还是要上十年级。灵性伴侣们知道这一点。他们期待着能够解决所有亲密关系中的障碍，那些都是他们想要学习和改变的东西。他们选择彼此来进行这个功课。他们的障碍不是问题，而疗愈它们才是。他们彼此承诺去完成这件事。

只有两件事能够结束一段灵性伴侣关系。玛丽莲和斯科特发现了其中的一件——当灵性伴侣中的一个拒绝成长时，他们就无法继续共同成长。这时候，任何东西都无法使他们继续待在一起了。拒绝成长跟困难地成长是两回事，它是一个不想成长的意愿。有时候人们知道自己在这样做，有时候他们不知道。他们认为自己想要成长，但是实际上并非如此。结果永远是一样的——不再有改变。他们不会欢迎变化，不管他们怎么说。他们停滞不前了，而他们也更喜欢这种状态，即使是卡在愤怒这样痛苦的东西里面。

停滞不前时，也有两种不同的状态。第一种就是努力从中出来；第二种就是不想要改变。第一种情况是灵性伴侣会做的，而第二种情况就是使一段关系结束的原因。

在数十年的时间里，玛丽莲生活在愤怒之中，她爱愤怒超过她爱斯科特。虽然她想要进行灵性成长，但是她想要保留愤怒。最后，斯科特只好独自继续向前。这并不是情感或者身体的乱交。乱交会阻止灵性伴侣关系。那些乱交的人是在利用彼此，他们将彼此看做可以替换的。一个伴侣跟另一个伴侣一样好。灵性伴侣们不会如此做。他们彼此参与对方的生活，他们对彼此来说都是特殊的。他们并不像汽车零部件一样是可以被替换的。

但是这个主题也会发生一个变故。当其中的一个伴侣决定自己不想跟对方一块继续成长的时候，变故就发生了。她知道自己现在所处理的那个问题在跟另一个伴侣相处时会再次冒出来。她很清楚这一点，但是即使如此，她还是决定不再跟自己的伴侣一起成长，于是他们的伴侣关系就结束了。

灵性伴侣结束的第二个原因很特殊。其中的一个伴侣完成了他或者她建立这段关系时需要学的功课。那个问题不再存在，疗愈已经完成。伤口已经消失，连一点痕迹都没有了。如果那个伤口是愤怒，那么愤怒已经消失了；如果那个伤口是恐惧，内在的合一感已经取代了它。那些形成灵性伴侣关系的情境已经不再存在了。挑战改变了，感知改变了，行为改变了，目标改变了。一切都改变了。

当这件事发生时，完成功课的那个灵性伴侣就不再需要同样的互动来获得灵性成长，因此伴侣关系也会相应发生改变。换句话说，只要灵性伴侣们还在一起成长，他们就会继续在一起。当他们停止共同成长，他们的伴侣关系就结束了。

一个灵性伴侣关系是一段为了灵性成长而有的平等关系。当灵性成长停止时，伴侣关系也停止了。

心理考古挖掘

在我跟我的未婚妻分手之后，我非常想念她。我每日每夜都会想到她。当我从农场搬到附近的城镇上去时我在想着她；当我在交新的朋友并和他们共同分享生活时，我也会想到她。经年累月地，我都会想到她，并且梦想着一个跟她一起的生活。

但是这并没有发生。我们当初不在一起生活是为了最后能够再生活在一起。不在一起生活对我们来说并不新鲜，但是每个月都看不到她却是从未有过的。并且我也不知道我们是否能够一直保持订婚状态。我们分开之后一年，她结束了我们的订婚关系。那之后我开始了一场自己从未预料过的旅程。

“我的订婚取消了。”我告诉我的朋友们。

他们很耐心地看着我，都没有说话。过了一阵之后，我问他们：“你们怎么看这件事？”我的内在在发抖，因为订婚状态是我个人很重要的一个身份。

一阵长久的沉默过后，他们中的一个很小心地说道：“我觉得你还没有开始感受这件事。”

那时候我还不相信他，但是那是真的。几个月过后，我意识到这非常正确。每一天都有更多的痛苦，每一晚情况都更加糟糕。你是否曾经弄伤了自己但是直到后来才感觉到痛？那就是发生在我身上的情况。我当时都怀疑自己是否能够继续活下去。

每天早晨和夜晚，每个午餐和晚餐的时候，只有我想到我们的事，我就会问自己：“我是怎么创造了这件事的？”这句话成了我每天的祈祷。我想要知道这个问题的答案超过了一切，甚至超过了想要再跟我的前未婚妻在一起。在跟之前的伴侣相处的过程中，我也曾经有过同样的痛苦。我不想再有一次这样的痛苦了。如果再来一次的话，我都不知道自己是否能够从这痛苦中幸存下来。我那时特别想要得到这个答案，仿佛就像我的生命要依靠它一样。

我的确得到了我的答案，不过它并不是一次就全部到来的。

在几周之后，“竞争”这个词跑进了我的脑海。于是我打电话给我的前未婚妻。

“你的决定跟竞争有关吗？”我问道。

“是的。”她非常肯定地回答道。

我终于找到了一点线索，就像是一条挂毯的一个线头。我想要不停地拉它，一直到整个谜团都被揭示出来为止。

我努力去回想自己跟她在一起的时候，有哪些时候我有竞争感。一开始，我什么都想不起来。慢慢地，一些记忆开始浮现，最初只有一两点，之后就如潮水一般涌出。我感到非常震惊。我意识到我很嫉妒她的朋友、嫉妒她的事业。我嫉妒她的气质、成功、人缘。我嫉妒所有的事情。这让我感到非常吃惊，但是当我发现自己的竞争之下的另一层东西的时候，我更加吃惊了。

那就是控制。我开始回忆起自己一次又一次地控制我的未婚妻在做的事情、她的感受、她的话语。我抨击她所读的报纸，我努力说服她停止看电视，我努力影响她对汽车还有服装的品位。我将自己的意见和观点强加给她。花了好几个月，我才回忆起所有自己控制她的方式。当我回忆起越来越多的事情，我也越来越清晰地意识到自己对她的控制的程度之深。

然后我发现了在自己的控制之下还有另一层东西——恐惧。当时已经是冬天了。白雪覆盖着各处的树，风一刮，雪就四处飞扬，所有的地方都变成了白色。我躺在床上，充满了恐惧。我从未想到过自己会感到如此恐惧。我很害怕冬天，害怕寒冷，害怕独自待着。我害怕所有一切。对我来说，恐惧与颤抖开始有新的意味。我从不知道自己内在有如此之深的恐惧。当它到来时，它像海水一般将我淹没。我害怕继续活下去。我以为这是我挖掘工作的最底层了，但是这还不是。

在恐惧之下，我又发现了一层东西：自我价值感的缺乏。这让我感觉到非常吃惊。那时候凭借着《与物理大师共舞》一书，我已经获得了美国书籍奖。我备受关注和推崇。人们都想听我说些什么——但是我自己不认为自己能说出什么真正值得听的东西。我也无法想象当人们知道真正的我是什么样子之后对我会有什么看法。我认为那些受到我吸引的人一定都有什么问题。在我自己身上，我找不到自己欣赏的任何东西。但是在那一刻之前，我一直认为自己对自己的评价很高。我惊呆了。

当我意识到我完全不欣赏自己的时候，所有那些我所发现的东西拼成了一幅完整的图。因为我缺乏自我价值，所以我不相信我有权利活下去；因为我不相信自己有权利活下去，所以我对所有一切都很害怕；因为我害怕所有的一切，所以我需要控制所有的一切。而这种控制的需要非常之强烈，因为在情绪层面，这关乎生死。因为我的未婚妻是一个强大的人，我控制她的企图就演变成了竞争。

我的祈祷获得了回应。我的疑惑的所有碎片都重组在一起，就像是将一段视频反向播放时，一面被摔碎的镜子神奇地重新回复它的原样一般。我要求看清自己是如何创造了自己的梦魇的。于是我看清了。

这个过程花了好多个月的时间。又过了十年，我才将它整合进了我的生活。

我当时马上就开始了这个过程。我直接切入问题的根源。我没有在恐惧、控制、竞争这些地方下工夫。我直接去处理自己的自我价值问题。当我生气的时候，我不会愤怒地吼叫，而是对自己说：“你做得不错！”如果我向前走了两步又滑回来一步半，我也会祝贺自己。如果我做了任何通常别人做了我会称赞的事，我都会称赞自己。一开始，这让我自己觉得很尴尬，因为我之前从未这样做过。

最后，我终于开始改变了。我开始知道如何去跟朋友进行分享，如何去欣赏他们，也让他们欣赏我自己。对于我所学到的一切，我充满感恩。在我订婚的两年期间，我的未婚妻跟我一共只待在一起三个月。第二年，我们没有住在一起，并一直在努力想要继续复合。当时我不知道为什么我们没有那样做，但是现在我知道了。

我们两人一个在东海岸，一个在西海岸，这也反映了我们内在的距离。亲密并不是很舒服的一件事情。我以为我们很亲密，因为我们很相爱，但是我缺乏勇气跟她产生真正的亲密。

我从未跟她谈过我内在最深处的恐惧。我从未告诉过她我感到多么嫉妒、不足和恐惧。她也从未跟我谈过她内在的恐惧。我们的婚约最后结束并不是因为我们不爱彼此。我们彼此深爱对方，但是光有爱还不够。

还需要另一样东西，才能让一段灵性伴侣关系成功。

信任

“我从没摔过那么多次，我们在堪萨斯州不滑雪。”玛莎一边大笑一边说。

每个人都笑了起来

“每次我爬起来我都会回忆起从前我跌倒然后必须站起来的时候。有的时候我马上就站起来了，比如我的手骨折的那一次。还有其他的时候我没法马上站起来，比如我离婚的时候。”

现在没有人笑了。

“我感觉就像是进了研究自己的学校。我看到了自己在某个情境中是什么样子，在另一些情境中又会如何不同。我也看到了自己在生活中对一些情境总是以同样的方式在进行反应。”她继续说道。

玛莎在说的时候已经在改变。每个在场的人都深深地记住了她和她的疗愈冒险旅程。她本来可以告诉大家她是如何地悲伤或者疲惫。但是她选择告诉我们她学到了什么。

一次寻常的滑雪课程跟改变生命的一天之间的区别何在呢？这区别就在于玛莎学会了认出了她的体验中重要的部分，而这给她带来了巨大的回报。她意识到自己的洞见值得思考，于是她就去思考它们。然后她要求得到更多的洞见，于是更多的洞见就到来了。在那一天快结束时，她期待它们到来，于是它们就继续到来。这就是为什么她有如此多的东西跟我们分享。

大多数人希望别人告诉自己什么是重要的。他们去问心理咨询师、牧师和上师。他们去读报纸和书。他们看电视和听广播。他们去找专家。

玛莎成了自己的专家。她并不需要问别人这次滑雪课程是否可以帮助她认识更多关于自己的离婚和生活中的其他痛苦经历。她自己去看，并且相信自己所看到的东西。

你是否信任你的体验？当你在与人争论时，你是否信任这争论正在告诉你很重要的关于你的信息？当你生气时，你是否信任自己的愤怒正在告诉你你需要看到的东西？

灵性伴侣们会这样做。他们信任自己的体验会显现出那些关于他们自己的东西。他们就通过这种方式来获得灵性成长。你无法在获得灵性成长的同时还保持愤怒、不耐烦，或者嫉妒。你也无法在获得灵性成长的同时还因为你的感受而责怪他人。

当灵性伴侣生气时，他们会看自己的里面——而不是对方。他们会说那些自己害怕说的东西。他们分享自己的感受，但是并不因此责备彼此。他们信任这个过程。

这个过程就是：意识到你所有的感受。寻找你的情绪向你显示的关于你自己的一切。以一种友善的方式来分享你的感受，就像一个学生在跟另一个学生分享自己所看到的东西。

灵性伴侣们信任他们走到一起是为了共同进行灵性成长。他们信任在他们的伴侣关系中所发生的所有事情都会帮助他们做到这一点。这会改变他们看待体验的方式，就像玛莎改变了她所看到的滑雪课程。每一次她滑倒，她都学到了更多关于自己的东西。同样的事情在灵性伴侣关系中也会发生。每一次你们有不同意见，你们都会学到一些东西；每一次你们通过了这样的一次不和谐，你们也学会了一些东西。每一次你将自己的情绪封闭起来，你都学会了一些东西；每一次你敞开自己，你也学会一些东西。

你学得越多，你就越少生气、封闭或者恐惧。如果每一次摔倒你都学到一点东西，那么花不了多久，你就可以在滑雪时保持平衡了。如果每一次你生气、悲伤或者恐惧的时候你都努力学习一些东西，那么用不了多久你就会在感到愤怒、悲伤或者恐惧时保持平衡。

有些人认为意见不合是不好的，就像是滑雪时摔跤一样。但是灵性伴侣们不是这样看待事情的。他们将意见不合看做是一个朋友可以相互了解和学习的方式，并且因此而成为更好的朋友。

他们以这种方式来看待所有的经历。

04

第四章

所有的事情，

甚至是那些痛苦的事情的发生都有一个原因。

那个原因就是帮助你进行灵性成长。

当你看到这一点的时候，

你就找到了那一块松动的岩石。

孩子

意大利面从杰米的叉子上滑下来，她嘴上也满是番茄酱。她才两岁半，还没有学会使用叉子。

她放下了叉子，开始用手指拿东西吃。

我非常高兴。我的女儿和琳达坐在对面，而我坐在杰米旁边，她是我的第一个外孙女。烛光温柔地照亮了她满是番茄酱的脸。

突然之间杰米停止了吃东西，她转向我。她的脸变得很严肃。

“要温柔。”她直视着我的眼睛说道。

她整个的气场都改变了。我也饶有兴趣地以一种祖父的方式将自己的气场改变了来配合她。

“要温柔对待什么？”我问她。

“对你自己。”她回答道。

然后她又继续吃她的晚餐。突然她又变回了那个在玩意大利面的孩子。

我们都安静地坐着，我被惊呆了，其他人也是——除了杰米。自我苛刻一直是我一生的负担。对自己温柔对我来说很难，但是杰米怎么会知道呢？她才两岁半，而且她才见过我一次。

她直接就知道，就像你们正开始以同样的方式直接知道事情一样。她用了她的直觉，虽然她不知道这个词的含义。她只是直接使用了它。她看到了我的一些东西，然后她分享出来。

当你看到别人或者自己的一些东西的时候，你是否能像杰米一样信任自己所看到的呢？内在深处的知识跟别人告诉你的知识是不同的。你知道自己所知道的东西。你可能知道自己不适合像你父亲一样做一个医生，或者不适合上大学。并不需要有人跟你解释。

内在的改变就像是这样。你开始用一种不同的方式看待事物，没有人需要将它解释给你听。你的朋友也知道你改变了，你们不再有共同兴趣。这会在所有人身上发生。它也会在灵性伴侣身上发生。

当灵性伴侣改变，当他们有孩子之后会发生什么呢？旧男性和旧女性认为对一个孩子来说最坏的事就是跟自己的父母分离。他们将自己作为孩子生存的唯一负责人。从他们的角度来说，当他们跟孩子在一起时，他们能够更好地帮助孩子生存下来。

当灵性伴侣的孩子们长大以后，他们会自然地关爱所有人。他们会将自己看成是所有孩子的阿姨叔叔、兄弟姐妹，或者祖父母。他们将所有人都看成家人。

如果你看看自己的内在，你可能会发现自己也在渴望灵性伴侣关系。数以千万的人都正在感觉到这种渴望。很快地，还会有更多的人感觉到它。新女性和新男性自然地创造出灵性伴侣关系。有时候，他们以婚姻的方式发生——住在一起、生养孩子；有时候他们通过商业、学校，或者篮球队的形式来创造这种关系。不管他们以什么方式发生，都是平等的人为了灵性成长的目的而开展的关系。他们会意识到自己的感受，并学会如何作出负责的选择。他们努力迈向和谐、合作、分享、对生命的敬重。他们自然地寻找可以共同创造的灵性伴侣。

周期就是这样进行的。内在功课首先发生，然后灵性伴侣关系才会到来。一个新的世界就是这样诞生的。当灵性伴侣生出了孩子，他们就会在这个新世界中长大。

他们将所有人，包括他们自己都看成是心灵。他们将自己的阿姨叔叔、兄弟姐妹、祖父祖母都看做是心灵，他们将自己的父母也看做是心灵。这也是我们正开始做的：将我们自己和其他人，包括我们的孩子，都看做是心灵。

共同成长

克里斯和莱斯利的出现让房间变得温暖。他们正在爱河中，这一点很明显。他们手牵着手走进演讲厅的大门。

房间安静下来。他们在台上的长桌边优雅地落座。在克里斯的右边还有两对伴侣，在莱斯利的左边也有两对伴侣。每个人都戴着麦克风，前面放了一杯水。桌子被鲜花装饰得很美。

“亲爱的朋友们，欢迎来到本次活动最精彩的部分。”主持人说道。

这个周末活动就要结束了，五对伴侣都已经分享了他们的经历。他们通过演讲和工作坊，从各个角度来看关系，现在他们最后一次聚在一起。

“我们已经探索了人类体验的最困难的领域：如何跟彼此有意识而充满爱，但是又诚实地在一起；如何成为一段深入的关系中的伴侣，但同时又保持对自己的真实。”

在过去几年中，关系工作坊已经变得非常流行了，这个工作坊则是其中最好的之一。

“没有一个答案可以让所有人满意，但是在这个周末有一些普遍的主题已经呈现出来了。尊重彼此，倾听彼此，说那些特别难说的话，而不要将那些对你重要的事情隐藏起来；以最温柔的方式来分享。”主持人总结道。

“现在你们可以对任何在场的人或者所有在场的人提出你们的问题。”

“我有一个问题。”听众席左边的一个年轻人举手说道。

一个助手很快地给他拿了一个话筒。

“我知道这听起来可能会比较好笑，但是我还是不理解这个被称为‘关系’的东西。我的女友说她承诺投入我们的关系，但是当我甚至都不理解她的意思，也不知道我们的关系下个月会变成什么样的时候，我如何承诺投入一段‘关系’呢？”

“你可以承诺遵守一对一的关系，我认为，如果没有这个，你就无法拥有一段关系。”莱斯利左边的女人说道。

“你可以承诺不管发生什么，你们都在一起。一段关系的力量来自于你们都知道彼此会互相支持。”克里斯右边的男人说道。

每一个人都有一个答案。最后莱斯利说话了。

“当我最初跟克里斯在一起时，我根本没有意识到自己是一个很难承诺的人。虽然我们之间有如此多的爱，但是不管我如何努力，也无法对我们的关系进行承诺。”莱斯利的声音非常清晰而坚定，它充满了整个大厅。

“最后，我意识自己唯一能够全心去承诺的就是我自己的灵性成长。我也意识到克里斯是一个完成这件事的完美伴侣，于是从那时起我们就一直在一起了。”

“这对我们来说并不容易，尤其是一开始的时候。不过我从未偏离这个承诺，克里斯也是一样。”

克里斯点头表示同意。

“那是十五年前的事情了。从那时候开始我们已经创造了一个基金会，写了很多书，并且尽我们所能地在一个充满爱和关怀的基础上构建灵性成长。有时候我还是会怀疑我们是否能够继续向前走，但是每次完成这样时期的成长之后我都会感觉跟克里斯更近了。”莱斯利继续说道。

“对自己成长的承诺是我所做过的最好的承诺。这个承诺一直有效，我每天都将它放在心中。”

后来又有人问了很多问题，也有了很多答案。但是莱斯利的这些话一直贯穿这些问题和答案，当人们离开大厅时，他们还在谈论这些话。

像莱斯利和克里斯这样的伴侣有一种特殊的品质。他们彼此倾听，并共同欢笑。即使是在十五年后的现在，他们还是对彼此所说的充满好奇。这就是灵性伴侣们成长之后所变成的样子。克里斯和莱斯利现在还在共同成长，这就是为什么他们的关系如此特殊。

当你想到克里斯和莱斯利的时候感觉如何？你会感觉到舒服和温暖吗？如果你现在不在一段这样的关系中，你愿意进入这样的关系吗？你愿意结识他们吗？

如果克里斯是黑人，莱斯利是白人，你的感觉还会一样吗？如果莱斯利是黑人，克里斯是黄种人，你的感觉还会愉快吗？如果她们俩都是女人你还想认识她们吗？如果他们都是男人呢？

每一对灵性伴侣都是不同的。有的人努力看到自己并不比对方出色，有的人在学习如何说出自己的所需，有的人在学习不去用气势压迫自己的朋友，有的需要学习如何倾听，还有人需要学习如何表达。

不管这些灵性伴侣如何不同，他们都在学习如何将自己的个性跟自己的心灵方向调整为一致。这就是为什么他们走到一起。他们想要创造和谐、合作、分享和对生命的敬重。

当你看到灵性伴侣时，你看到这些东西了吗？你看到他们所面对的挑战有多么难吗？你是否能够尊重他们所做的，并欣赏他们这样做的方式？

如果你看到的是其他东西而不是这些，那么你就被另一些东西所干扰了，这些东西是我们都有的。

在地球上穿的衣服

杰拉尔德的围裙上满是白面粉，还有些面粉弄到他的T恤上了。他将自己的手在牛仔裤上擦了擦，朝我微笑了一下，然后拿了我递给他的钱。

在我们两人之间的玻璃柜台里满是面包圈和奶油蛋糕，其中有些涂满了巧克力，还有些涂满光滑的白糖，还有一些则没涂这些。这个小面包店卖的就是这些，还有冰激凌。下午的时候，学生们放学后来到这里，上午的时候，老人们在小隔间里一边读报一边喝咖啡。

我常常来这个面包店寄包裹，这是杰拉尔德提供的服务之一。多年来，我们已经熟识彼此了。杰拉尔德的打扮从未改变，他总是留着长长的棕色头发，穿着T恤和牛仔裤，还有一个围裙。

有一天我听到有人敲门，打开一看是杰拉尔德，但是他的打扮完全变了。他穿了一件很时髦的上衣，头发也剪短了，他看起来像个有钱的商人。当我在欣赏他的新打扮时，他递给我他的名片。

“我来告诉你我的新工作。”他以温暖而有力的语气说道，“我现在是一个投资经纪人，这里是我自己的办公室。”他指着名片上的地址继续说道，“如果你需要人帮助你进行投资，请告诉我。”他看起来像是一个讨论投资的完美人选。如果我不是从前在面包店认识他，我一定不会怀疑他这辈子从来都是干这个的。

面包师，那个穿着牛仔裤、戴着围裙的谦虚年轻人，和那个投资经纪人，那个穿着西装的有钱的年轻人，他们都是杰拉尔德。他开始了一个新的生活，他的衣装也随之改变了。我知道他的经历也会发生剧烈变化。我惊奇地意识到他还是那个同样的年轻人。

我很开心自己认识了两个杰拉尔德，作为面包师的他和作为投资经纪人的他。如果我只认识这两个身份中的一个，我就无法去欣赏他的经历的多样化，我也不会意识到他拥有两个身份。

当杰拉尔德想要拥有不同体验时，他换了衣服。心灵也会这样做。有时候它们是女性，有时候是男性。有时候它们是黑色人种，有时候它们是白种人、黄种人，或者棕色人种。有时候它们拥有家庭，有时候它们组织政治运动。对心灵来说，换衣服一点都不新鲜。你的心灵经常这样做，它曾经以不同的衣服来获得很多不同的体验。

如果你将自己看做一个黑色人种的男性，或者白色人种女性，那么你只看到部分的衣服。大部分人就是这样看待自己的。他们将自己看做是男人、女人、黑人、白人、父亲或者母亲，或者任何其他衣服。这些只是五官的感知。当你开始知道自己不只是一个拥有思想和感受的身体时，你就变得多感官感知了。然后你就会将自己看成是一个心灵，而不是一个黄种女性或者白种男性。你将所有这些东西——你的人种、性别、高度、头发颜色、民族，都看成是你心灵所穿的衣服。

你不是你的衣服，你是你的心灵。你用五官所看到的你的朋友们不是他们，而是他们所穿的衣服。它们只是你的朋友们所穿的衣服。她的黑色身体或者他的黄色身体都是衣服。你是否会因为一个人所穿的衣服而喜欢或者不喜欢他或者她?

当你因为一个人的皮肤颜色，或者因为她是一个女性、一个天主教徒、或者越南人、或者运动员、或者穷人、或者富人而不喜欢他们时，你就是在这样做。一个黄种、泰国、信佛教的母亲只是一件衣服。一个白种、德国、犹太教的父亲也是一件衣服。它们都是在地球上的衣服。

一旦你跟一个人成了朋友，你就不会在乎他或者她穿什么衣服了。朋友就是朋友。这也是心灵如何看待心灵的方式。它们是朋友。它们所穿的衣服不重要，就像杰拉尔德不再当面包师时所穿的衣服一样。他还是杰拉尔德。他想要有一个新的体验，他就穿上了一些新的衣服。

你的心灵曾经很多次这样做过。你曾经做过父亲和母亲、城市人和游牧民；你曾经经历强大和弱小；你曾经很聪明和愚笨；你曾有过暴力和宁静的生活；你曾经很善良也曾经很残忍；你曾经是黑人、白人、黄种人和红种人。

所有这些都是在地球上所穿的衣服，就像你此刻穿的那件衣服一样。它们每一个都被你的心灵所精心选择。对杰拉尔德来说，如果他在烤面包时穿个西装，或者在卖投资时穿个T恤都是不行的。心灵会看到另一个心灵是穿着地球衣服的，就像我看到杰拉尔德在面包店穿一套衣服，在另一个时间穿了另一套衣服一样。

心灵总是很高兴见到彼此。它们也很高兴看到彼此所穿的衣服，但是对它们来说这衣服并不重要,在一起对它们来说才是重要的。学会如何在一起创造和谐、合作、分享和对生命的敬重对它们来说是重要的。

当你变得多感官感知时，你开始以这种方式看待你的朋友。你甚至会以这种方式来看待你的敌人。这跟大部分人看自己朋友和敌人的方式很不同。

这也是一件很激动人心的事情的开端。

主动的仁慈

没有人知道闪电会袭击哪个地方。当消防队员们赶到的时候，已经有数百株树被烧焦了。如果不是这些人拼尽全力的抢救，也许有数千株树都会被烧掉。从前是森林的地方现在是一片荒野。黑焦的树干竖立在一片如月球表面般没有生命的土地上。可能要再过很多代绿荫才会重现。与此同时，阳光从微暗的烟尘中透过来，焦炭的味道充满在空气中，土地还是热的。

在这一切景象之中，那些散落在焦黑的泥土中的细小的种子被忽视了。在它们的里面是另一片森林，等待着取代那片旧森林。千万棵老树被烧毁了，还有千万棵新的树准备成长。这种成长以慢动作在进行着，它如此之慢以至于我们都无法看到。我们能够注意到的只是那场大火。是的，它很宏伟，无法被忽视。咆哮的火苗升腾到了100米的高空。浓密的、白色的烟雾如巨浪般在数以千亩的土地上翻滚，模糊了地平线。很多天之后才消散。

我们所无法看到的那个图画在以慢得多的速度展开。大火是整体图画的一部分，但不是全部。想要看到剩下的部分，我们必须再活上几百年。我们无法看到几百年前的那场大火，那场大火的痕迹根本没有残留下来。一片绿色的海洋从当时烧焦的树干丛中长出，就像现在一片新的绿色的海洋也会长出来一样。没有大火，种子不会发芽；没有这些种子，新的树不会长大；没有新的树，森林会枯败。

将要长成的森林跟烧掉的森林之间有区别吗？它们是一样的。它们全都是一样的——那些烧掉的树和将要长出来的树，以及从前长出来的树。

现在我们都会尽力阻止森林大火，因为人们在森林中安了家，也因为砍树是一个很大的商业。大火不会威胁到森林，森林需要大火，它们的发生很自然。

有些人说闪电的发生是随机的。如果你从自然的大局来看，闪电的发生并非以这种方式。从自然的角度来看，所有的事情都在正确的时候发生。

如果你仔细地看，会发现落在干旱土地上的雨水正是植物生长所需要的。植物和雨水是一个画面的各个部分。如果你只看到植物，或者只看到雨水，你就无法看到整个的画面。这就像是只看到了大火。其实甚至连一只动物吃另一只动物也是更大画面中的一部分。

自然总是在需要的时候给我们提供所需要的东西。总是在别人需要的时候提供他们所需要的东西就是主动的仁慈。有时候我们不认为自然是仁慈的，但是它是仁慈的。如果我们看到整体的画面，我们能够看到自然总是仁慈的。有时候我们也不认为宇宙是仁慈的，但是它是仁慈的。如果我们只看到一个自私的人，或者一个在受苦的人，那么我们也只看到更大画面的一部分。如果我们能够看到整个的画面，我们会为宇宙是如此的慈悲而震惊。

我们永远都无法看到整个的画面，但是有一件事是肯定的，它一定包含了其他人。还有另一件事也是肯定的，它也包含了我们自己。所以看到更大的画面的第一步就是清楚地看到自己和其他人。这就是主动的仁慈开始的地方。

那些在生活中受过很多伤的人总是仁慈的。他们知道受苦的滋味，他们也不想让其他人受苦。他们不想伤害生命，所以我们说他们是仁慈的。主动的仁慈不仅如此，主动仁慈需要力量和清晰。有时候它需要你在很难说话的时候说话，有时候它需要你在想说话的时候不说话，有时候它需要你足够勇敢地行动，另一些时候它需要你足够勇敢而不行动。

主动仁慈就是以恰当的方式来行事。心灵就是以这种方式来彼此交往。它们看到的不仅仅是彼此所穿的地球上的衣服。你认为自己不值得被爱吗？那就是你的地球衣服在说话。如果你从那个角度来看世界，你永远都无法以恰当的方式来行事。而你的心永远会告诉你，你值得去爱和被爱，你是美丽的，你有权利在地球上。

你认为自己比其他人更重要吗？如果你总是从这个角度来看世界，你也永远都无法以恰当的方式来行事。你的心则总是会告诉你每个人都是重要的。它会告诉你没有人比你更重要，也没有人比你更不重要。如果你只看到了地球衣服，你只看到了更大图画的一小部分。当你将自己和他人看做地球学校中的伟大心灵时，你才看到更多。

然后你会以你的心灵想要的方式来行动，说那些你的心灵想说的话。这样，你所说的和做的永远都会是恰当的。它永远都会在需要的时候以需要的方式来呈现。这就是主动仁慈。

它也是真实力量。

向彼此伸手

两个花样滑冰者像一个人似地运动。其中一个是男性，另一个是女性。一个穿黑衣，另一个穿白衣。他们的冰刀在灯光下闪出耀眼的光，在冰面上跟随着他们的舞步。音乐充满了整个体育场。音乐动，他们就动。过了一会儿之后，我无法判断是音乐在推动他们，或是他们在移动中创造音乐。音乐、灯光、冰面、滑冰者，以及所有的观众都融为了一体。

我能够感觉到他们运动的危险性。每一个动作都是那么地复杂，要求他们有完美的配合。每一个动作即使在一般的地板上做都很难。滑冰者们以极高的速度来表演它们，首先是其中的一个倒滑，然后换另一个倒滑，然后两个人都倒滑。

当他们来到滑冰场上我们这一角时，他们分开了。她滑向自己的右边，而他滑向自己的左边。音乐的节奏也趋向高潮。突然他们转而奔向彼此。她的胳膊向他伸去，他抓住了它们。转瞬之间，她的身体被举着脱离了冰面。她的双腿完美地并在一起，在我们的眼前，她像一只白天鹅般飞了起来。被她的舞伴的长臂所紧握，她被越举越高。

她的冰刀以优雅的姿态重落冰面。跟音乐完美地契合，他们又一同向前滑去，脸颊靠着脸颊，滑向欢呼的人群。我们被他们的大胆和力量、真实与创造性、勇气和技艺所折服。从某种意义上来说，我们跟他们在一起滑行。如果他们摔倒了，我们当时一定也能感觉到他们的痛。

他们完美地进行了相互配合。他们各自的长处融合在一起而完成了一次惊人的表演。如果他们各自独自表演，就无法完成这样出色的表演。他们在冰上相互分离的时候是为了准备让彼此更好地在一起。当他们在一起时，他们的才能以特殊的方式结合。他们都是出色的花样滑冰者，他们都可以独自表演，但是他们选择在一起表演，因为他们在一起可以创造自己单独表演时无法创造的精彩。

看一个人的完美与和谐，和看两个人将他们的才能结合在一起完全不同。后者将整个活动的层次提升了一级。当我们开始将自己看成是心灵的时候，我们就从独舞者变成了有舞伴的人。这通常都会很自然和容易地发生。我们喜欢共同工作的感觉。我们喜欢分享自己的天分，喜欢其他人接受它们；我们也喜欢接受来自他人的天分。就像那两个滑冰者一样，我们在一起可以做我们无法独自做的事情。我们的长处结合在一起，从而让我们得以获得我们单独时无法获得的机会。

如果没有人来举她，那位女选手不可能成为一只白天鹅；同样，如果没有她来让他举，那位男选手也没有机会来以如此优雅和均衡的方式来展现他的力量。她完全信任他。冰面硬如水泥，而她悬在冰面以上两米处。如果他滑倒了，那么她完全无法防卫和保护自己；而他也完全地对她承诺自己。他们在一起获得了我们的尊敬，如果他们各自单独去表演，是无法获得这样高的尊敬的。

心灵就像是这样，他们向彼此伸手，就像小草向天空伸手，天空也向小草伸手。如果你仔细寻找，你会发现自然中所有的东西都是如此。花儿向太阳伸手，而太阳也向花儿伸手。海岸向海洋伸手，海洋也向海岸伸手。心灵聚在一起不是为了完成什么事：比如赚钱、养家，或者完成什么生意，它们聚在一起是因为本性的相互吸引。

他们因彼此而开心。他们给彼此机会以到达自己的最高潜能。就像那两个滑冰者所做的。

当你越来越意识到自己是一个心灵的时候，人们对你会越来越感兴趣。你喜欢和他们在一起，喜欢结识他们，也喜欢让他们结识你。如果你只是将自己看成是各种地球身份的衣服，那么这就不会发生；如果你只是将周围的心灵看成是他们的各种地球身份，这也不会发生。当你将自己看成是心灵，将其他人也看成是心灵的时候，这才会发生。这并不意味着你在所有的时候都会跟每个人说自己的所有事情，而是说你总是会对其他人敞开，并欣赏他们。

海岸和海洋总是在以新的方式互相组合。如果你每天都去看它们，你会发现它们没有一刻是以相同的方式在一起的。这也是心灵在一起的方式。没有一个时刻会一样。他们为彼此无尽的创造性而开心。

当我们开始意识到自己是心灵的时候，我们也会这样。

内在的丰盛

卡斯柏努力地爬上了山脊，脚底的软泥让他走得有些费力。汗水如雨一般从他的额头流下，当它们流到他的眼睛里时会有刺痛感。他的胳膊上也满是汗水，衣服也已经湿透。当他到达顶峰时，他一面气喘吁吁，一面用一块脏脏的布去擦拭额头的汗。

太阳一出来他就开始爬山了，此时太阳已经在头顶上。没有任何的树荫，眼前是很低的绿色灌木，它们的枝条相互交锁在一起，在他面前建起一道屏障。只有一只灵巧的鹿才能够在这样浓密的灌木中穿行，但是卡斯柏却成功做到了。现在他继续来到了最高的地方，却发现眼前向下还有数百米的绿色灌木要过，过了这些灌木就是大片的树林。

如果不是这片绿色灌木的阻挡，他很快就能到达树林里了。不过他总是能到的，他想。当他停下来休息喘气时，随风吹来很轻微的流水声。他将手放在耳朵后，仔细倾听。是的，真的是流水声。声音从树林中传来。那里不但有水，还有树荫。不只是这些，有一些东西吸引卡斯柏很多年了，现在它吸引着他继续向下走过前面的山沟进入那片长在溪水边的树林。

在他的后面，山底下有一只骡子在吃草。旁边是卡斯柏带来的食物、工具和衣服。他想要回去拿这些东西，但是又忍不住看了一眼前面的树林。他决定先去看树林，回头再去拿工具。他已经如此努力工作了很多年，在旅行中去探索那些未知的山谷和溪流、河流和盆地。这个探求从未停止，它总是吸引着他继续向前。

当他离这些树越来越近时，水声也越来越大，而山谷也越来越陡峭。纯净而清新的泉水在他脚下20米处从一个岩石上流下去。他从陡坡上滑下去，停在了溪水边。他跪在地上，将头浸在清凉而甜美的水中，并且将水洒在自己的肩膀上。然后他向后躺下休息，这是他从早上到现在的第一次休息。

“就是这里，”他对自己说，“就是这里啦。”这句话他已经说过很多次了，但是每次都不是。现在那种旧的感觉又来了，而他知道这一次他会再次挖掘。

卡斯柏花了这一天剩下的时间回到骡子那里，并且将他的工具和物品带回来。第二天他开始挖掘。他一直挖了有三个星期。到了第四周，他已经在陡坡旁边挖了一个很大的洞，大到他自己可以站进去。这个洞是如此之深以至于他需要他的照明灯来照明。挖出来的岩石和泥土在他的身边堆积着，他每次只能运一小袋出去。

他的手臂很累，他的身体很痛。“一定在这儿的，”他大声说道，“我知道就在这儿，我知道的。”这么多年的挖掘都靠现在这一刻了，他跟自己的疲劳进行了斗争。他努力集中精神，“我一定会找到它的。”他再次重复说道，这也许是第一千次了。“不找到它我绝不罢休。”

这一次当他的铁锹落在前面的岩石上时，他感觉一些不一样，岩石变软了！他再次挥动铁锹，再一次它撞在软的岩石上。他将灯笼提过来，将一些落下的岩石凑近了看。它在轻柔的灯光下闪闪发光，只有金子才能发出的光芒。卡斯柏的找寻终于结束了。

在那一刻，卡斯柏成了一个富有的人。他的人生挣扎不会结束，但是将不再跟从前一样。现在他拥有了可以支配的财富，拥有了自由。他可以选择自己想要创造的东西。他的生活已经改变。但是这个时刻并不是很快到来的，它经过了多年的努力。它需要信念和努力的工作，还有勇气和力量。

内在丰盛也像这样。它并不处在表面上，等着我们捡起它。它不会在阳光下闪闪发光，让你看到它。卡斯柏找到了主矿脉——在保护的岩层之下的很厚的金矿。内在的丰盛也一样是深藏在里面的，不过不是在地球里面，而是在你们自己里面。如果你向外看，你永远都不会找到它。如果你向内看，并且像卡斯柏一样坚定，那么你总是会找到它的。卡斯柏在找到自己想要找的东西之前挖掘过很多地方，那有很大的工作量，但是他一直坚持。

在你的生活中，你会做多少挖掘工作呢？当一件不愉快的事情发生的时候，你是否会向内看去发现自己能够学到什么？当一个悲剧发生时，比如说一个孩子死了，你是否努力去看到这个痛苦体验的含义？在你的生活当中进行挖掘，就是说，当你感觉到愤怒、悲伤或者恐惧时去寻找你能够借此机会认识自己的什么。如果你没有这样做，你就没有进行挖掘。如果你不进行挖掘，你就无法找到黄金。

所有的事情，甚至是那些痛苦的事情的发生都有一个原因。那个原因就是帮助你进行灵性成长。当你看到这一点的时候，你就找到了那一块松动的岩石。在你找到它之前，你总是会在自己无法得到自己想要的东西时失望，而只有你得到自己想要的东西时才高兴。当你找到了黄金，所有你生活中的事情都成为了礼物，它们为你特殊设计。一旦你找到了内在的丰盛，就没有人能够将它从你手中夺走。它永远都是你的了。

卡斯柏知道自己一定会找到自己想要找的东西。他不断地寻找，因为他相信它就在那儿。

你也是以同样的方式找到自己的内在丰盛。

完美的信任

我将身子向前倾向风吹过来的方向。雪花从山峰上吹下来。我使劲地想看到山顶，但是我看不到。我向后看去，惊奇地看到山坡是清晰的。我能够向下一直看到5000米的白雪覆盖的山坡。就像是魔法一般，只有那条我上山的路是清晰的，其他的一切都被隐藏在狂暴旋风的灰色之中。

还有一个小时我就能爬上山顶了。但是就在这时，天色变得异常昏暗。天上云彩中透出的一点亮光也彻底消失了。雪花水平地横飞着，并且越积越厚。

我知道左边的山崖有100米深，下面全是冰，右边的则有50米深。在大雪之中，我什么都看不到。

我又抬头向风雪中看了一眼，然后我就开始向山下走去。我已经登顶过很多次了，这一次我不去了。我能够看到下面壮观的雪景。我知道自己已经到达了3500米的高度。虽然风是从后面吹过来的，但是我现在走得慢了。我喜爱这座山的每一个部分，享受在这里的每一个瞬间。一直以来，它都是我的家、我的伟大邻居、我的老师。现在我祈祷着，希望自己可以在风雪中再次找到下山的路。

当我下了1000米的时候，阳光穿透了云层。我向上看去，山顶还是被笼罩在一片狂暴的风雪之中。有两个登山者慢慢地向上爬，走向我开始下来的地方。我跟他们打招呼，并祝他们顺利。我能够看到五十英里之外的一座城市在阳光中显得很闪亮。我早上两点开始爬山，现在已经是九点了，我准备好了要回到下面一英里琳达和我温暖的家中。

一片片的阳光在雪地上移动，将它的颜色由灰色转成耀眼的白色，然后又是灰色。当我到达树林的时候，云层又再次堆满了天空。开车回家的路上，一直都下着雨。雨滴击打着挡风玻璃，我在长长的公路弯道上一路小心行驶。我最后终于到家了，坐在壁炉边，很高兴自己终于温暖了，身上也擦干了。我听到雨下得很大，仿佛整个世界都在下雨。

你是否曾有过相同的感受？你是否曾经感觉到太阳再也不会闪耀了，虽然你知道它会再次闪耀？你如何知道呢？没有人能够证明它，但是你还是知道它会。你知道它正照耀着世界上其他地方的人。即使你看不到它，没有人能够展示它，你也不会浪费时间去使劲想它。

当我在爬山的时候，暴风雪是我唯一能够看到的。我很担心是否能够下山，但是我不会担心如果我下了山的话，还能不能看见太阳。我从不会怀疑我能够再次看到太阳。

这就是完美的信任。当你如此地确信某事时你永远不会怀疑它——即使别人无法证明它，这就是完美的信任。无须他人来说服你，也不需要说服任何人。无须他人证明，你就知道自己在呼吸。

当你知道自己是一个心灵的时候，就无须他人来说服你了。你是一个心灵，这件事比你的呼吸要更加真实，因为有一天你将停止呼吸，但是你永远都是一个心灵。这比太阳还要更加真实。因为有一天太阳将消失，但是你的心灵不会消失。所有你看到、听到、闻到、尝到，或者触碰到的东西都不会永远存在。

你的心灵会。它能够看到超出你的五官所能够看到的。它能够看到你生活中所发生的一切事情，这样你能够学习到关于自己的重要的东西。当你看到自己是一个心灵时，你也能够看到这一点。你无须被说服，你不会浪费自己的时间去思考这件事。你就是知道，就像我知道太阳在风雪过后会闪耀一样。

如果你将生活中发生的所有事情，都当做一个去更加了解自己的机会的时候，你会开始更加仔细地看它们。你越是这样做，你就了解得越多；你了解得越多，你就越能够改变那些发生的事情。到了后来，你对发生的所有事情都感到高兴——即使是那些通常令人不快的事情。

然后所有发生的事情都成了一个特殊的礼物。你无须向任何人证明这一点，也无须任何人向你证明这一点。它就是礼物，你就是知道。你不会怀疑，也没有任何东西能迫使你怀疑它。

这就是完美的信任。

一幅图画

很久很久以前，有一个微生物叫麦克。它有很多的朋友。其中的一些比另外一些更特殊，但是它们都是微生物。它们都生活在一株大树的树皮上，不过它们自己根本不知道。对它们来说，世界上只有微生物以及它们所能看到的东西。对微生物来说，即使是最小的一块树皮都太大了。它们是如此之小，以至于它们无法想象树皮是什么，更不用说树了。

对微生物来说，生命是一个精彩的迷。没有人知道它如何开始，也没有人知道它会在何时以何种方式结束。今天一个微生物在这里，第二天它就不在了。对于这个，每个微生物都有自己的看法，但是没有人确切地知道这是如何发生的。如果从微生物的世界上退出来，再进入更大一点的世界，你会看到另一个世界，那就是昆虫的世界。有一只昆虫叫本尼，本尼生活在树皮上，而麦克生活在本尼身上，它们俩互相都不知道对方的存在，但是它们都生活在同一棵树上。

这棵树叫特里。特里比你和我都要大，比一只昆虫或者一个微生物当然更要大。它有数千片的树叶、数百根枝条，还有很多根须，其中有一些根像一棵小树一样粗。所有这些上面都生活着本尼一样的昆虫，还有麦克一样的微生物。

特里是森林的一部分。森林并没有一个名字，但是为了方便，我们可以叫它弗兰克，我们可以假装它是一个男性的森林。弗兰克拥有上百万的树和树苗，还有数不清的灌木、植物和花。它还有动物和鸟。所有这些东西上面也都有像麦克和本尼一样的微生物和虫子。当你将所有这些放在一起看的时候，你就能看到森林跟生活在它里面的东西比起来有多大了。但是这还只是一个开始。

弗兰克只是数以千计的森林中的一个，所有这些森林都是一个更大图画的一部分。这个更大的图画里面不只有森林。它还有海洋、沙漠、山川、草原。所有这些上面也都有微生物和虫子。（是的，即使是海洋也有它自己的虫子和微生物。）不管这幅图画变得有多大，总是同样的故事。它们都是更大图画的一小部分。这幅图画就是地球。原始部落的人称之为地球母亲，他们将我们所有人以及地球上所有的一切都看成是她的孩子。这是一幅每个人都喜欢的美丽图画，但是还有更大的图画。

地球母亲有很多的朋友，那就是其他的行星和恒星，还有卫星。本尼和麦克对这些东西都一无所知，它们连树都不知道，但是它们也是这个图画中的一部分。这个图画永无止境地变大。所有像太阳一样的恒星和像地球母亲一样的行星都是星云的一部分。一个星云就是由数以千万的恒星和行星组成的家庭。我们可以称我们的星云为吉尔。你也许会认为吉尔很庞大了，但是从她自己的角度看来，她只是一个女孩。当她看周围时，她看到上千万的星云。她看到很多的星云，就像我们看到很多星星一样。现在这幅图画真的已经变得很大了，即使从我们的角度来看也是，更不用说从麦克和本尼的角度来看了。

现在我们还只是谈到了这个图画变得越来越大的情况。如果你想的话，它也可以越来越小。麦克不知道自己是由像玛丽这样的分子组成的。玛丽是由像艾米这样的原子组成的，而艾米又是由像萨拉和山姆这样的亚原子粒子组成的。这个图画还可以变得更小，但是你已经看清楚了。这个图画特别大，同时又特别小，但是不管你从哪个角度去看它，它都是同一幅图画。

关键点就在这里：图画的每一部分都需要其他部分。即使是百万年古老的山峦，也需要活得很短暂的微生物。即使是那些拥有亿万恒星和行星的星云，也需要原子和分子。图画的每一部分没有其他部分都无法存在。

你也是这个图画的一部分。你可能会认为这个图画没有你也一样可以进行，因为它在你出生之前就已经在这里了，在你死亡之后它还将存在。但是它没有你就无法进行。如果没有了它其中的任何东西，它都无法继续进行。如果你将自己看成是地球衣服，那么这个图画没有你也可以进行得很好。但是当你将自己看成是一个心灵时，你会看到自己已经是这个图画中的一部分。你总是需要这个图画中的一切，而这个图画中的一切也总是需要你。

这就是爱。当你看到你和麦克、本尼、弗兰克、地球母亲、吉尔，还有所有那些你能看到的和不能看到的都是同一幅画面的一部分时，你的生活就被爱点燃了。每一样东西对你来说都变得重要了，就像一个让你感恩的朋友。树变得重要了，虫子也是，海洋和其他人也是。你们都在同一幅图画中。你们都是图画的重要部分。

这就是你的心灵所看到的。你的地球衣服只能看到部分，而你的心灵能够看到整个画面。当它看自己时，它看到了这个画面；当它看其他人时，它也看到了这个画面。不管它看向何处，它都看到这个画面。

越来越多的人正开始看到这个图画。这就是多感官感知。越来越多的人正开始选择和谐、合作、分享和对生命的敬重，即使是在那些很困难的时候。这就是真实力量的创造。

最后，我们所有人都会选择创造真实力量。

这是一种很新的状态，它是一件从未发生过的事件的开端。

宇宙人

在土路的两边矮墙的后面长满了橄榄树，与这片土地上千百年前的橄榄树一样。从那时候到现在，巴勒斯坦已经改变了，但是它又完全没改变。黏土房、陶瓷水罐，还有驴子都是一样的。数代的残酷战争无法改变它们，被推倒的房子、军队的巡逻、空袭和大炮的轰炸也无法改变它们，国际恐怖主义和媒体的利用也无法改变它们。这是一片古老的土地，它里面的根也同样古老，包含犹太、阿拉伯、巴勒斯坦和以色列的根。

利亚的胃中有一股纠结之感。她该怎样告诉他们呢？她要怎样说才能让他们感觉自己的信任没有被背叛呢？对他们来说，她是一个美国人。他们将她看做一个远道而来的朋友，一个知道巴勒斯坦在受苦、在遭遇不公正的人。她是一个群体中的一员，这个群体一次又一次地来到圣地跟这些家庭见面，见证了他们的悲惨遭遇，并给予他们真心的关怀。他们越来越爱她，她也越来越爱他们。现在只有一件事情需要告诉他们了——那就是她是犹太人。

他们惊呆了。一些人生气地说话，还有一些人流下了眼泪。大半个下午和一个晚上过去了，才有一种新的安静重新开始形成。她是犹太人，他们爱她；他们是巴勒斯坦人，她也爱他们。现在怎么办？利亚和这个村庄开始了一段新的生活。她带着一个新的愿景回到了纽约，在两周之前她从未有过的愿景。她将会重新回到巴勒斯坦，不但是她以犹太人的身份回到那里，而且还会带一群犹太人！他们会作为犹太人去同一个地方，见同样的朋友，分享同样的食物。

这个愿景的大胆让她自己震惊。这一年她一直生活在对自身安全的恐惧之中，她不知道一旦自己被发现是犹太人的话会发生什么。现在她会将犹太身份作为一件神圣的衣服穿在她的心上，并将它与这些她喜爱的巴勒斯坦人共同分享。

她将一小群犹太人聚集在一起，开始准备再次去巴勒斯坦。他们共同祈祷。他们决定了做什么：他们将会倾听。不管他们去哪儿，他们会倾听。他们会带着敞开的心去倾听，会不带评判地倾听。他们将自己的方式称为慈悲地倾听。

最初他们很害怕。他们进入了希伯伦——这个地区以巴勒斯坦青年和以色列士兵之间的暴力冲突而闻名，他们在那里倾听。他们从一个村子到另一个村子，从一个定居点到另一个定居点，跟所有利亚认识的人见面，并且倾听。两周之后，他们的恐惧消失了。他们的旅程成了探访充满爱的家庭的旅程。有些是以色列家庭，有些是巴勒斯坦家庭。

在约旦河的西岸上，在一个以色列的定居点，他们每天都从那里走到一个临近的巴勒斯坦村庄去。第一个早上，他们是自己过去的。第二个早上，是一些定居点的年轻人跟他们一块去的——没有带武器。这是一件非常需要勇气的事情，但是他们还是这样做了。当他们到那里时，众人很震惊，但是很开心。当离别的时间到来时，有很多人流下了眼泪。在第三天，包括一些成年人，定居点一共有十九个人跟他们一起去。

村子里的每一个人都停止了工作。村长想要杀一头羊设宴来庆祝。但是他们的时间不够，所以他们就以自己能够想到的最好方式来庆祝。他们不带武器，也不带石头地彼此相见，这就是他们的庆祝方式。他们庆祝彼此可以对视，庆祝他们所看到的这件事情。

“他们彼此很渴望沟通。”利亚告诉我，“但是没有人知道该怎么做。我们成了一个中介。在我们去之前，以色列人不可能去看自己的阿拉伯邻居。阿拉伯人也不可能去见自己的以色列邻居。”

当利亚的小团体一个月之后离开以色列时，整个西岸村子里的巴勒斯坦人都还在惊叹犹太人来过他们的房子，而以色列人也惊叹自己跟巴勒斯坦邻居们共享过食物。从前只有那些老人们的记忆中有过这样的事。

现在他们都有新的记忆了。

在这次旅途中，一个年轻的犹太牧师说道：“每个人都知道上帝向我们许诺了以色列这片土地。不过他没有说明的是，他也将它许诺给另外一群人。现在我们必须学会共同生活在一起。”

我们都在学习相同的事情。阿拉伯人在学习如何跟犹太人相处，白人在学习如何跟黑人相处，亚洲人在学习如何跟欧洲人相处，男人在学习如何跟女人相处。每一个人都在学习跟每一个人相处。我们在学习庆祝大家在一起的生活。在每个人的里面，悲伤是相同的。对我们的生活来说，有什么比爱彼此更重要的呢？这越难做到，就越值得努力。

当我们将彼此看做穿着地球衣服的心灵，那么彼此相爱就变得容易多了。这时候，那些我们从前作为地球身份所认为如此重要的事情，现在都不再重要。是黄种人、黑种人、棕种人或者白种人都不再重要。是法国人、印度人或者美国人也不再重要。富有或贫穷、年轻或者年长、女性或者男性也不再重要。除了一件事之外，所有这些都不再重要：那就是我们是一起在地球学校中的心灵。

当我们中的一个人受伤时，对每个人都是一种不幸。当我们中的一个人快乐时，这是所有人的喜悦。我们都生活在同一块应许之地（promised land）上，它属于我们每一个人，而我们也属于它。那就是这个宇宙。没有其他的土地。巴勒斯坦是宇宙的一部分，以色列也是宇宙的一部分，穆斯林、犹太人、基督教徒、印度教徒，学者和运动员，男人和女人都是宇宙的一部分。马、牛、书、鸟、猎豹和花都是宇宙的一部分。地球是宇宙的一部分。

那些我们无法用五官看到的东西也是宇宙的一部分。世界上有很多我们用五官无法看到的东西，但是当我们开始用多感官感知，我们就开始意识到它们。我们拥有非物质的高级智慧，它们是宇宙的一部分。我们拥有非物质的导师，它们也是宇宙的一部分。所有的一切都是宇宙的一部分。

利亚最初是作为一个美国人来到巴勒斯坦的。她发现自己喜爱那里的人。然后她意识到自己需要跟他们分享一件事——这件事让她跟他们彼此分割——那就是她是犹太人。当她这样做了之后，她发现他们的爱是多么地深。她还是一个美国人和犹太人，但是现在与从前有很大的不同。这些东西跟这些她所喜爱的人比都没有那么重要。这些东西对那些她喜爱的人来说也同样如此。

巴勒斯坦的阿拉伯人和美国的犹太人成了一个家庭的人。对他们来说这很重要。这个家庭慢慢地扩大，开始包括以色列的犹太人。这个家庭还在扩大。这个家庭的一部分在你我的内在扩大。我们越来越多的人开始意识到自己也想要同一个家，我们正开始创造它。这个家庭包括所有人和所有一切。

我们正成为宇宙人。我们正开始将所有人和所有一切都看成我们家庭——宇宙大家庭——的一部分。在同一个家庭中并不总是那么轻松，这是一个没有人能够离开的家庭。当我们成为宇宙人时，我们不想离开它。我们想要在一起，想要共同创造一些东西，比如和谐、合作、分享、对生命的敬重。我们想要将爱分享出去，就像利亚的团体和他们所拜访的巴勒斯坦人和以色列人所做的那样。

跟所有人和所有一切成为一个家庭，这个想法令人满足，让我们感觉很好。因为，当我们学会去这样做时，我们成为自己从未梦想过的样子。

优雅的精灵

小霍克一个人坐在长满青草的小山坡上。这不是他的真名，不过每个人都这么叫他。每天他都会来到同一个小山坡，静静地坐着，看向天空。几乎每天都会有一只红尾鹰在他上面盘旋。有时候当他到那里时，这只鹰已经在那里了。有时候它会在他来了之后才出现，从远处飞来，最初只是晴朗天空中的一个小点。有时候其他的鹰也会一同过来。小霍克在那里看着它们来去。

这一天草是黄的，树叶正在凋落，八月的风轻抚着他。三只红尾鹰在小霍克头上，乘着从山坡上浮起的气流，自由地盘旋。它们比往常飞得低，小霍克感觉自己都能够看见这些优雅的鸟的每一片羽毛。对小霍克来说，气流就是看不见的优雅精灵，但是鸟儿却能够如此熟练地搭乘它们飞翔，就像一只鹿跳过一棵倒在地上的树，或者一只鱼从河水中向上游一样。

它们怎么做到的呢？他思索着。

当其中的一只鹰——那只每天都来的鹰——在他头上盘旋时，小霍克看到它的尾巴上的羽毛很轻微地移动。先是向左移动，然后是中间，然后又向左，变换着位置。小霍克看得越久，他就越清楚地看到这些移动让那只鹰顺着周遭的空气去到了自己想去的地方。

“它在跟风共舞！”小霍克叫道。

这时，那只鹰轻微地动了一下翅膀，它并没有扇动它们。它只是稍微动了一下。它马上开始盘旋向上了。它变得越来越小，然后跟另外两只鹰一起，消失在空中。

小霍克对自己所看到的进行了很长久的思索。他想了整整一个秋天加一个冬天，春天到来的时候他还在思考着这个问题。在他的内在正在发生非常巨大的变化。小霍克从鹰那里学习到了一些他可以用在生活中的东西——如何驾驭风。

鹰是飞翔的专家。它们可以滑翔，也可以攀升或者俯冲。它们可以降落在树上。它们是自己翅膀和尾巴上羽毛的主宰，但不是风的主宰。

风吹向自己想去的地方，有时候它来自南方，有时候它来自北方，有时候它来自东方，有时候它来自西方。有时候它向上，有时候它向下。它能够瞬间出现，又瞬间消失。

不管它怎样吹，鹰都喜爱飞行。它们跟随着风而动，但是又不像被风吹落的叶子。

风中的叶子只能够去风想去的地方。有时候鹰也是这样，但是有时候鹰不是这样。一片叶子的旅程完全有赖于风，而鹰有它们自己的意志。

鹰的旅程有赖于它自己和风。有时风会将鹰带向它想去的地方，有时候不会。当风没有带鹰去自己想要去的地方时，鹰不会介意。不管怎样，鹰都是飞行的专家，总是能够控制自己的翅膀和尾巴上的羽毛。

优雅的心灵也是这样的。他们的翅膀和尾巴羽毛就是他们所想、所说和所做的。他们总是在想、说和做那些能够创造和谐、合作、分享和对生命敬重的东西。不管外界发生什么，这都是他们所做的。他们能够控制自己所想、所说和所做的，虽然他们无法控制生活中会发生什么。有时候不愉快的事情发生在他们生活中，有时候快乐的事情发生。不管怎样，他们都会乘风而行。他们会尽力而为，然后让风带他们去自己需要去的地方。

风就是你的生活，它就是在你出生和最后回家之前的这段时间里所发生的事。优雅的心灵并不知道下一步会发生什么，就像鹰不知道风会吹向什么地方。这不会困扰他们，因为他们不会去控制自己的生活，就像鹰不会去控制风一样。

那只飞到小霍克头顶的鹰没有去控制风，它只是控制自己。优雅的心灵也是如此。他们不会去控制其他人。他们没有隐藏的动机，不会想、说或者做任何事情去操纵他人。他们尽力而为，但是不会执著于之后会发生什么。就像鹰一样，它们做自己能做的，然后它们就乘风而行。

鹰不会停止使用自己的翅膀和尾巴上的羽毛，优雅的心灵也不会停止使用他们的意图。他们的意图就是创造和谐、合作、分享和对生命的敬重。他们设定这样的意图，尽力而为，然后就说：“让更大的意愿被实现。”这就是他们驾驭风的方式。他们不会跟生命抗争，而是利用它们来攀升。

小霍克从鹰那里学习如何改变自己的生活。从那时开始，他也开始翱翔了。

你在生活中已经开始翱翔了吗？当你开始这样做的时候，你将惊奇地发现风——你的生活——并不是将你带到随便什么地方。

神圣的使命

阿布多尔的旅程在他还不能记事之时就早已开始。他的父亲教给了他关于沙漠的一切，他的祖父将这些知识教给了他的父亲，他的曾祖父将它教给了他的祖父。沙漠是阿布多尔唯一知道的东西——焦热的太阳、灼热的沙子，还有寒冷的夜晚。荒凉的沙丘从每个方向一直延伸到地平线，寸草不生，夜晚也没有一个温暖的地方。这片荒野孤独的土地在冰与火之间来回翻转，日复一日，夜复一夜。

在沙漠里，水就是生命与死亡的区别。阿布多尔知道在哪里能找到它。他知道挖掘哪些地点。他知道每一片潮湿的沙地和每一片绿洲。沙漠是阿布多尔的生活。他生于此，也知道自己会在此死去。在这里，只有几个人见过沙漠的边缘，那里是无尽的沙与无尽的水相遇的边界。阿布多尔就是这为数不多的几个人中间的一个。它是年轻的阿布多尔所遭遇的最危险的旅程，现在他在一趟更危险的旅程中。

一片绿洲在远处闪着光。它看起来很近，但是阿布多尔知道它有三个小时的路程。他将会在那里休息一天，然后睡一晚。他需要力气。在这片绿洲之后是一片未被探索过的疆域。没有人可以帮助他，他知道这一点。

绿洲比看起来的样子还要小。一些棕榈树长在一条小溪水边。他拴上骆驼，然后卸下了它们身上的东西。明天东西更多。他会带上自己能带的所有东西，然后祈祷。没有一个人——甚至他老爸——能告诉他往下还会不会有绿洲。他已经到达了已知的边缘。他突然想到自己的一生都在为这次旅途作准备。

的确有下一个绿洲，不过经过了很长的时间才到达。阿布多尔已经太虚弱了，无法表现出任何兴奋。他从骆驼上跌下来，然后爬到一条小溪边。清澈、甜美的水从沙中间慢慢冒出。他一滴一滴地喝了这珍贵的水。他很想在这里休息很多天，但是不行。他的食物已经越来越少了。

下一个绿洲更近，也更大。甜美的水果生长在陌生的树上。他喝了又吃，吃了又喝。第二天，他再次出发。没过多久，他又抵达了另一个绿洲。第二天他又发现了另一个，再一个，一个又一个。绿洲越来越近。阿布多尔也感觉到有所不同。太阳没有那么热了，夜晚也没有那么冷了。

阿布多尔都没有注意到沙子何时变成了沃土。不过他注意到了第一丛灌木。它们跟他所见过的所有东西都不一样。它们不是树，它们是什么？继续向前，他这辈子都没见过那么多草。不像绿洲中的草地是一小块一小块的，这里的草地是一大片一大片的。他每天向前一点都看到草地变得更绿，更浓密。

骆驼不习惯这种地形。它们怀念沙漠中滚烫的沙子和太阳。阿布多尔感觉到它们的悲伤，并且它们变得越来越易怒。愤怒的骆驼可不是很好的伙伴。

一天早晨，阿布多尔知道是时候让它们走了。他感谢它们为他所做的服务，然后就解开了它们。一小会儿，它们就消失在视线里。阿布多尔并不在意。他轻松地在一条小溪旁行走，时不时地停下来吃野果做早餐。

每一天阳光都变得更加温柔，夜晚也变得更加温暖，直到阿布多尔不再需要他温暖的被褥。当他第一次看到瀑布时，他无法相信自己的眼睛。所有颜色的花围绕着瀑布下的潭水。当他激动地爬上瀑布旁边的山坡时，他没有预料到自己下面会看到什么。一层又一层的绿色的山林，柔软的棉花状的云飘过天空，在远处，波浪轻柔地拍打着白沙滩。

他从未见过的动物从水面跳出，又消失不见，然后又再次跃出。阿布多尔感觉到自己听到它们在笑。在更远的地方，更大的动物将水柱呼到天上。

阿布多尔如何将这些解释给他沙漠中的朋友听呢？如果他说他们听，他们怎么才能理解呢？

正当他在惊叹之时，从一排树后传来一阵人的笑声。他已经很久没有听到这种声音了。一开始他不知道该做什么。然后他突然奔向树那边，一面也忍不住笑起来。他知道有些令人激动的事就要到来了。

阿布多尔已经到达了一个特殊和美丽的地方。当你在做神圣使命时，这就是你的感觉。每一件事都是新鲜和令人激动的。你很快乐。你不想去其他地方，做其他事情。

你的神圣使命是在你出生之前，你的心灵跟宇宙所签的合约。当你去完成它的时候，你会感到快乐和满足。你知道自己在一个特殊和美丽的地方，就像阿布多尔所抵达的地方。当你不再进行自己的神圣使命时，你很可怜。你就像生活在沙漠中一样，就像阿布多尔离开的那个沙漠一样。

你的神圣使命也许是写一些能够帮助他人打开心扉的书，或者它可能是建立一家能够支持地球的企业，它可能是照顾一个家庭或者成为一个木匠，它可能是去教孩子，或烹饪、或雕刻石头。不管你的神圣使命是什么，当你去做它的时候都会感觉到非常好，而你没有去完成它的时候会感觉不好。这就是认出自己神圣使命的方法。

当你是在做自己心灵要自己做的事情时，你无法不感到满足。这就是那个特殊和美丽的地方。当你没有在做自己的心灵想要自己做的事情时，没有事情可以让你满足。这就是沙漠。

想要离开沙漠，你必须跟随自己的心。这就意味着你要放弃一些东西，就像阿布多尔做的那样。你可能要放弃自己比别人好，或者是不如别人的感觉。你也许必须放弃自己比别人更聪明，或者不如别人聪明的感觉。你也许必须改变工作中的一些东西，或者到别处工作。你也可以让一切照旧，不放弃和改变任何事情。如果你这样做，没有人会责备你。但是这样的话，你就无法找到那个在等待着你的特殊和美丽的地方。

你在沙漠中待的时间越长，你越会感觉到自己没有在做自己应该做的事情。沙漠中的生活会显得空虚，不值得继续在此生活。在沙漠中，没有什么会让你感到快乐。你无须待在沙漠中。你更喜欢哪种生活——是在沙漠中被烤焦，还是在瀑布边游泳？

你神圣的使命就是跟随你的心，以及创造真实力量——将你的个性与心灵调整为方向一致。当你将自己的个性与心灵调整为方向一致时，你会自然地做你的心灵想做的事。这就是你的神圣使命。当你去做自己的神圣使命时，你就在跟随自己的心。当你跟随自己的心时，你就处在那个特殊和美丽的地方。

将你的个性与心灵调整为一致，并不会因为你下决定这样做就会发生。阿布多尔并不会因为他决定离开沙漠就能抵达那个特殊美丽的地方。他是一步一步地走到那里的，他走了很多很多步。每一次你设定自己的意愿想要创造和谐、合作、分享，或者对生命的敬重时，你就走出了一步。只有这样，你才能走出沙漠。你越将自己的个性与心灵调整为一致，你就会越自然地做那些你的心想做的事。那也是你的心灵想做的事。

当你越来越接近那个特殊而美丽的地方——一个充满意义和喜悦的生活——你就创造出真实力量。当你创造了真实力量，你就走向那个特殊而美丽的地方。

这就是你的神圣使命。

回家

我在那间小木屋前停了下来。八月的堪萨斯很潮湿，即使夜间也是如此。我在那里长大。当我离开的时候，我从未想过要回去。但是现在我很期盼着回家，有时候一年回去两次。

但是这一次有所不同。当我坐在汽车里，感觉到一个遥远的未来浮现在眼前，在这个未来里，我的父母都早已经去世，而那些陌生人生活在我们的房子里。他们很惊奇地看到我在这里。

如果妈妈和爸爸还活着多好啊！我想。眼泪涌进我的眼眶。

我再一次看着这间房子，它是空洞和冰冷的。

如果我可以再次敲这扇门该多好，如果我可以听到妈妈一边急着开门一边说：“是盖瑞！是盖瑞来了！”该多好啊。

萤火虫在黑暗的院子中闪闪发光。

我渴望看到父亲的微笑。渴望听到他慢慢地从房间走出来说：“欢迎回来，儿子！”

这个幻想如此之真，也如此之痛苦。我想到自己本可以说那么多的话、做那么多的事、分享那么多的东西。

“我为什么没有在他们还活着的时候看到这些呢？”我痛哭道。

突然之间我的幻想结束了。我回到了堪萨斯的家门前，在一个潮湿的八月的夜晚，坐在一辆租来的车上。我的母亲还活着，我的父亲也是。他们正等着我。我打开车门，走到门厅前，敲了敲门。

“是盖瑞！是盖瑞！”我听到妈妈很激动地对爸爸说，“他到了，他到了！”

门打开了，我看见她在那里，如此高兴，笑容满面。

“过来，给我个拥抱。”她说道，同时伸出手来。

“欢迎回家，儿子！”我的父亲慢慢地走进房间，脸上有一个大大的笑。

我的祈祷被回应了，我有了再一次的机会。我拥抱他们、跟他们说话、感觉他们，也让他们感觉我。我的老房间感觉像家一样。我从前从不喜欢它。即使爸爸的鼾声听起来也很舒服，而我从前很讨厌它。现在我躺在我的老床上，睁着眼睛，满怀感恩地倾听着它。我不会浪费掉我的第二次机会。我用心体会跟母亲和父亲在一起的每一刻。我倾听他们，跟他们说话，问他们问题。我知道我永远不会以自己从前看他们的方式去看他们了。

我第一次真正回家了。

我的幻想给这一切带来了巨大的变化。它给我带来了一个新的视角。在那之前，我以自己成长过程中的视角去看我的父母。我总是想到自己跟父亲之间的巨大分歧，想到他们之间的相互争吵。我想到他们身上那些我不喜欢的事情。但是在那之后，我想到他们给了我什么，想到他们对我来说多么重要，想到我多么地爱他们。

从我的车走向门厅的那段路是一样的，敲门也是一样的，甚至我所看到的事情也是一样的，但是我所体验的一切都非常不一样。

变得多感官感知就是这样，它给你带来了新的视角，那些从前看来平常的东西开始变得特殊。你会注意那些自己从前没有注意到的东西，并且你会为此感恩。没有一件事是偶然的了，每一件事都有目的，那个目的就是帮助你去获得灵性成长。从这个新的视角，你开始看到不同的世界，就像我看到了不同的母亲和父亲。

你还是会在电视上看见相同的新闻，在商店里看见相同的店员，同一个送邮件的邮递员，但是你看到的他们不同了。你能够欣赏他们了。你生活中的每一件事成为了一个发生在你眼前的奇迹。

这就是在地球学校中的回家。没有一件事是平常的，包括你自己在内。你还是那个黑色、白色、黄色，或者红色种人；你还是男性或者女性；你还是来自这个或者那个国家；你还是有孩子需要抚养、有账单要付、有工作要做。所有这些都没有改变，但是你不再以相同的方式去看它们了。你的地球身份不再是最重要的东西了。生命才是最重要的事情。每一件你说的事情，你为生命而说；每一件你做的事情，你为生命而做。

你渴望和谐、合作、分享和对生命的敬重。你想要将自己的个性跟自己的心灵调整为一致——创造真实力量。你的心想要引导你。非物质的导师想要伸出手来帮助你。负责的选择是你的工具。一个和谐、合作、分享和对生命敬重的世界成了你的目标。这个想法不断向你招手，就像那个回家的念头一样。

这个世界就是你的心灵想要你生活在其中的世界，它也是你生来要创造的世界。

迟早你都会创造它。

对你来说，唯一需要回答的问题就是何时。

你将何时创造这个世界？

你将何时回家？

何时？

图书在版编目（CIP）数据

为爱修行/（美）祖卡夫（Zukav,G.）著；郭宇译. — 北京：印刷工业出版社，2012.7
ISBN 978-7-5142-0501-5
Ⅰ. ①为… Ⅱ. ①祖… ②郭… Ⅲ. ①人生哲学－通俗读物 Ⅳ. ①B821-49

中国版本图书馆CIP数据核字(2012)第133126号

版权登记号图字：01-2012-6395

Original Title: Soul Stories by Gary Zukav

First Fireside Edition 2000
www.seatofthesoul.com

为爱修行

著者：［美］盖瑞·祖卡夫
译者：郭　宇

责任编辑：王　彦
策划总监：李耀辉
出版统筹：郑中莉
产品经理：薛　芊
特约策划：华海玲
特约编辑：叶夕夕
装帧设计：门乃婷工作室
出版发行：印刷工业出版社（北京市翠微路 2 号　邮编：100036）
网　　址：www.pprint.cn
经　　销：各地新华书店
印　　刷：北京慧美印刷有限公司

开　　本：787mm×1092mm　1/32
字　　数：153千字
印　　张：8.5
印　　次：2012年10月第1版　2012年10月第1次印刷
定　　价：32.00元
I S B N：978-7-5142-0501-5